母亲的英雄之旅

The Hero's Journey of a Mother

云上　著

上海三联书店

童话是儿童的神话，作为成年人，我们需要一些更深刻的神话。

——坎贝尔

目录

序　父母的觉醒

我本爱读书，多而博杂，文学历史为多。成为母亲之后，我的阅读范围变了。过去近十年，读了几百上千本育儿、教育学、心理学这类书，受到很多书的启发和滋养，被很多书感动过。在写作这本书的过程中，依然不断闪现当初阅读这些书时的喜悦和感动。为了致敬这几部深度影响我的书，本书的序及篇章名选用了我最喜欢的六部书的书名，它们分别是：

美国沙法丽·萨巴瑞的《父母的觉醒》；

美国斯蒂芬·吉利根博士和罗伯特·迪尔茨合著的《英雄之旅：自我发现的旅程》；

英国畅销书作家蕾切尔·卡斯克的《成为母亲》；

日本黑柳彻子小姐的《窗边的小豆豆》；

英国女性主义作家伍尔夫的《一间自己的房间》；

加拿大克里斯多福·孟的《亲密关系》。

阅读这些书的过程，本身就是心灵旅行的过程，希望经由我的带领，大家也会去阅读这些有趣又深刻的书。

结婚十年，时间都去了哪？

2009—2019年，结婚十年，时间都去哪儿了？如果用一句话总结，大概就是：生了两个孩子，为孩子办了四所学校。

2009年4月，我和徐先生结婚了。

2010年2月，我的第一个孩子出生，取名子曰。

2011年3月，我看了日本黑柳彻子的《窗边的小豆豆》，决定为孩子做一所家庭园。

2011年12月，花学园选址在闽江边一个小区里，一个二楼的带露台的房子。面积200平方。开园的第一天，一个园长（我），一个老师，两个孩子（其中一个是子曰）。

2012年5月，我的第二个孩子出生，取名之言。而我也早已辞去了大学的教职。

2014年10月，花学园搬迁至闽江边一个写字楼的二楼，也拥有一个漂亮的露台，大概2000平方的大小，这是花学园2号。

2016年9月，决定做一个家长的“第三空间”，依旧选址在闽江边的一个写字楼，顶层，视野开阔，江面豁达。同期，云初小学第一批小学生入学，人数6人。

2017 年 6 月，云初成长空间装修完毕，一半是大人的阅读和学习空间，一半是小学生的过渡教室。第二年的学生也快入学了，学生 5 个。

那时，我们可能是全世界最小的学校，校长 1 个（我），老师 5—6 个，学生 11 人。后来发展成老师 10 个，学生 11 人，但依然是世界上最小的学校。

2018 年 9 月，云开小学项目正式获得教育部门的审批，选址在福州的帝师之乡螺洲。云开小学也迎来小学生最多的一届，14 人。这一届的一年级学生全都萌萌可爱，被我们称为“小包子”。

2019 年 3 月，喜欢这所小得不能再小的学校的家长和孩子越来越多，我们多了一个一年级的转学班，一年级有了第二个班，一年级 2 班，人数 12 人。

2019 年 5 月，为孩子们做的营地学校——云可 · 花渡营地学校正式落成在福州的周边永泰县。

自此，有人称我们“一朵花，三朵云（云初、云开、云可）”。

2019 年 9 月，云开小学正式搬迁至螺洲，学校的面积比原来大了许多，有十几亩的大小，30 多间教室。这一届的一年级学生，人数突破了 100 人。

回望来时路

我本学中文，兼修心理学，最初的职业是一个大学老师，教中文。后来因为孩子出生，转向儿童教育，在从事儿童教育的过程中，早年所学的心理学开始发芽，于是又深研心理学。在从事心理学的授课和咨询的过程中，我听过很多女性的故事，每个故事都深深打动我。于是，我对女性和心理学有了一个属于自己的体悟：

每一个生命故事都值得聆听。

在聆听女性生命故事的过程中，我产生了深深的同情。女性的故事里有很多无奈、很多心酸、很多不得已和不甘心。聆听这些故事，虽然震动了我的心灵，但也让我感到深深的无力。有一段时间，这种无力感，让我的家人觉得我根本无力驾驭这份工作，也就是说，我试图放弃过在心理学上的研究和实践。

现实生活中，我能够接触到的女性故事，大多如此阴柔，缺乏力量。她们在咨询室和课堂上哭泣，希望获得别人的理解，在别人的认同中寻求着价值感。这种无力，让我感到害怕。我在想，我走向心理学，帮助女性走上成长之路的目的，难道只是来聆听这些故事，给她们一点虚弱的同情吗？除了简单抚慰她们受苦的灵魂，我还能做些什么呢？

每一个生命都是一段潜能无限的英雄之旅

我的早期心理学学习，接受的是正统学院派的教法，就是精神分析—行为主义—人本主义—认知疗法这样一脉地学习下来，但是，我发现，在实际的心理咨询过程中，学院派的这种咨询方法，疗程长且慢。于是，在咨询实践上，我转向学习更加适合女性，尤其是已经成为母亲、饱受家庭生活之艰的女性的流派——萨提亚家庭治疗。

我有三年的时间，都在学习萨提亚的路上，那个时候，我的两个孩子还小。一个刚刚三岁，一个出生不久。学习萨提亚，让我对女性、对家庭有了更加深入的了解，并且开始在课程和工作坊及咨询室里帮助一些母亲。

但是，还远远不够。学中文的时候，我的研究方向是女性主义，我对性别视角保持天然的警惕。我尊重自己作为女性的身份和良好的直觉，但是我知道，女性关于理性的塑造和训练，历史太短。女性真正可以全面接受教育，不过是一两百年的时间。也就是说，女性理解世界和表达世界的方式，非常容易陷入性别的愤怒与无力中。

于是，我把视野转向更大的范围，我开始阅读荣格、约瑟夫·坎贝尔、艾瑞克森、斯蒂芬·吉利根、肯·威尔伯等人的著作。无疑，他们对心理学的探索，给了我一个更加开阔放达的空间。令人敬佩的是，这些神话学家和心理学家们的著作，都开始包容更加平阔的女性视角，也就是说，他们的性别偏见，比起过去的理论家们，少得多。而在阅读他们的著作过程中，吉利根博士的一个理念，深深打动了我。他说：

每一个生命都是一段潜能无限的英雄之旅。

太棒了，不是吗？不仅有值得被聆听的伤痛，更要跨过这个伤痛，去寻求一段此生独属于每个人的英雄之旅。用存在主义心埋学家维克多·弗兰克尔的话说是“活出生命的意义”。而用坎贝尔的话说则是：“追寻生命的直觉，活出生命的体验。”

看到了吗？有这么多的理论家在告诉我们，这里有一条觉醒的路，看见它，走向它。每一个人，都值得。

后来，为了写作这本书，我不断地去回望自己的这段历程，发现自己走的这个历程，恰恰正是坎贝尔所说的“英雄之旅”的故事逻辑。其实，每一个人，都可以成为自己生命中的英雄，拥有一段潜能无限的英雄之旅。

第一章 英雄之旅

“英雄之旅”的核心是：你怎样让生命活得有意义？灵性召唤你去体验的最深刻的生命是什么样子？而你又会如何回应这种召唤？

展开一段“英雄之旅”将带来最神奇的回报，不过，要从中走出来，却可能要承受巨大的痛苦。

“英雄之旅”是一个唤醒和开放心灵的过程——对生命带给你和从你身上召唤出的一切保持开放态度。当然，这种召唤并非那么容易实现，否则无需你以英雄的气概去实现它。

“英雄之旅”有个巨大的好处，它会带给你意义感，一种活生生地存在于世的感觉。不过，除了这个巨大的好处，挑战和代价也会随之而来。这就像光与影总会同时存在——甚至可以说，光线越强的地方，阴影就会越暗。要活出丰满的人生，恰恰需要掌握并调整好这光与影的平衡。

——《英雄之旅：自我发现的旅程》

成为母亲，是女性的英雄之旅

神话大师约瑟夫·坎贝尔最喜欢引用的一句话，来自印度的《吠陀经》："真理只有一个，而圣人用各种不同的名字称呼它。"

和研究神话的其他理论家不同，坎贝尔对各个民族的神话之间的差异并不感兴趣，他要研究差异背后共同的东西。

他用了五年的时间写出《千面英雄》，把他对全世界各种神话传说和现代心理学的研究都纳入其中。在写作时，他开始聚焦英雄历险的故事，他发现，这些故事无处不在，反复出现在最古老的苏美尔史诗中，出现在太平洋岛屿、西伯利亚森林和非洲大草原的民间故事里，出现在乔达摩·悉达多和耶稣等宗教英雄的生活中，出现在精神病患者的病历记录中，出现在乔伊斯和曼这类作家的现代小说中。坎贝尔对这个普遍存在的故事进行了如下描述：

> 一位英雄从日常的世界勇敢地进入超自然的神奇区域。在那里遇到了传奇般的力量，取得了决定性的胜利：英雄带着这种力量从神秘的历险之旅中归来，赐福于他的人民。

由于坎贝尔描述的是每一个英雄，从心理学角度来看就是每一个个体，因此，他把书名定为《千面英雄》。在这本书中，他提供了英雄之旅的路线图，后来，吉利根博士和迪尔茨把他们作为工作坊的导航图。（以下引文来自吉利根博士和迪尔茨的《英雄之旅：自我发现的旅程》这本书。）

1. 聆听召唤
2. 投入召唤（克服阻抗）
3. 跨越门槛（入门）
4. 寻找守护者
5. 面对并转化恶魔
6. 发展出内在自我和新资源
7. 蜕变
8. 带着礼物回家

一、召唤

> **吉利根：** 通常，行动的召唤来自一个挑战，一次危机，一个愿景，或者某个有需求的人。某样东西丢失了需要重新被找回来；某种力量衰退了需要重新恢复；生命的的某个核心部分受伤了需要疗愈；某个重大的挑战出现了需要去面对。不过同样的，召唤也可能来自灵感和欢欣：你听到一段美妙的音乐，于是你的一个审美范围觉醒了，

你充满激情地想要向这个世界呈现更多；你感受到一种为人父母惊人的爱，它召唤着你把那股原始的力量带进这个世界；你爱上了你的工作，你全身心扑在工作上。正如我们将看到的，“英雄之旅”的召唤可能来自巨大的伤痛，也可能来自巨大的欢欣，有时同时来自于两者。

我无数次想，属于我的召唤是什么？它是如何来到我的身边的？

我本来是个非常任性随意的人，充满对自由的想象和渴望。我自己还有我身边的朋友，都不认为我会有机会成为一个好母亲，我甚至想，我连婚姻都会有问题。因为，我，那么任性。

然而，我终究还是结婚了，并且成为了母亲。在成为母亲的头一年，我茫然无措。我做得并不差，但，我依然不懂得让我成为一个母亲的真实要义是什么。我只是全靠天然的直觉，在做着一个还算不错的母亲。

直到产后八个月，我才重新回到大学的讲台上。我给学生们上课，上的是作品导读。需要学生们先自己看过作品，然后在课上交流讨论，我觉得这是我们成年人学习文学最好的方式。但是，那一次的课给了我很大的震惊。一来，只有十分之一不到的同学认真读过作品；二来，即便阅读了，他们所能够说出的也不多。我看着学生，学生茫然地看着我。我感受到他们的空洞和困惑。他们不知道自己为什么需要学习，更不知道这些学习给他们带来的意义是什么。他们仿佛早已厌倦了学习，只希望这一切早早过去。

那一刻，我感受到作为一个年轻大学老师的深深无力，我很认真地准备我的课程，花了很多心思，并不因为学生和我之间有很大的认知差距而随便应付他们。但是，没有用，积重难返。我陷入了失望的泥潭。

成为母亲之前，我同样感受过面对大学生不再愿意好好学习的失望，但那个时候，我只会觉得荒谬，并不痛彻。可是，成为母亲以后，再一次面对同样的场景，我的大脑里出现的居然是:“我不希望以后我的孩子变成这样。”

我的孩子，有一双很美的大眼睛，清澈、充满好奇。而我在课堂上看到的眼睛，空洞、困惑、无知。

我像疯了一样冲回教研室，表达我的愤怒，没有人回应我，他们告诉我他们早已习惯。我又像疯了一样冲回家，开始观察孩子，到底从什么时候开始，孩子的眼睛开始失去光芒。

四岁、五岁……十几岁……我见到从活蹦乱跳变得沉闷苦恼的孩子。

我的心，碎了。

从那以后，我大量阅读跟儿童教育有关的书籍，半年多看了几百本，一直看到日本黑柳彻子的《窗边的小豆豆》，被小林宗作先生的巴学园深深打动。在那一刻，我下定了决心，我一定要做一所像巴学园那样的学校，让我的孩子能够在里面读书。

二、投入召唤（克服阻抗）

迪尔茨： 那些阻断你听从灵性召唤的信息可能来自一个人的内在，也可能来自外部环境。

后来，我辞去了大学的教职。我曾两度辞去大学教职，第一次是为了先生，我在上海，他在福州。走的时候，人事处的老师跟我说："别后悔哦，出去了，就回不来了。"我心里想："我不会后悔的，我知道自己要什么。"

第二次辞去教职，是为了孩子。我辞职的时候，先生和我一起去院长家里。院长对先生说："你自己创业不知道多辛苦吗？居然叫老婆也去创业？"先生感到很惭愧。我很难跟院长说，这不是创业，这是我不得不走的路。

院长对我说："别人也养孩子，你也养孩子，就你养孩子特别麻烦？一个女人，一辈子，能够做好一个老师，就很不错了，你还想做什么？"

是的，如果我只是一个女人，我想，一辈子做一个好老师，就很够了。可是，我不是一个女人，或者说，我不仅是一个女人，我是一个成为了母亲的女人。母亲这个角色太沉重了，命题太大了，我怕自己写不好，我要为她做点什么。

于是，我花了半年多的时间，创立了家庭园——花学园。

最开始只有一个园长、一个老师、两个孩子，其中一个孩子是子曰。

花学园创立之初，实在艰难，最难的就是没有学生，没有人理解这件事。我的一个同学大老远从北京跑来问我："你要干什么？"

我说："我要做一代教育家啊。"说完自己也哈哈大笑。其实，我自己这么说的时候，都觉得像个虚妄的笑话。这都什么呀。事实上，我后来补充说："我知道，这是一件很难的事。但总要有人去做，不是吗？如果我做到了，以后的妈妈们，会因为有人做到而更有勇气吧。这是对教育好的事。"

三、跨越门槛

迪尔茨： 一旦你回应召唤并真正投身于你的"英雄之旅"，你就进入了坎贝尔所称的"跨越门槛"的阶段。你现在真正踏上了旅途，真正开始体验了。"让游戏开始吧。""门槛"一词有几层含义。其中一个含义是，跨越门槛就会进入一片全新的领域，全新的范围，一片未知的、不确定的、无法预料的、难以捉摸的乐土。

"门槛"的另一个含义是，你已经到达了你的"舒适地带"的外缘。在门槛这边，你是在自己已知的领地，你在你的"舒适地带"里，你对这里的地形了如指掌。而一旦你跨到门槛的另一边，你就走出了你的“舒适地带”。于是，困难、挑战、风险、频繁的痛苦，甚至可能还有不知名的危险纷至沓来。进入这样一个充满艰险的全新领域是英雄之旅至关重要的一个挑战。

“门槛”的第三个含义就是，这是个无法回头的站点。你回不去了。就好比假如你生了个孩子，你不能轻描淡写地说一句：“糟糕，我犯了错误。这太艰巨了。我可不想要他。把他收回去吧。”一旦跨过这道门槛，就只有一条路，那就是——向前。

因此，你的门槛就是一个转折点，从此你将进入一个全新的充满挑战的领域，一个你以前从未去过的地方，而且，再也无法回来。

吉利根： 而且很明确，在那个地方，你惯常的思维方式会失效。你惯常的意识层面的头脑只知道如何让已经发生的事有不同的表现形式（这有点儿像“把泰坦尼克甲板上的椅子重新摆一遍”来救这艘船）。它创造不了新事物。因此，当你认识到你的意识层面的头脑无法成为你的“英雄之旅”的导航系统时，自然会体验到一些令人惊慌失措的反应——麻木、慌乱、发抖、心里没底、昏倒，等等。这些都是“微妙暗示”，提示你灵性正在召唤你去你以前从未去过的地方。

多年以前，我还在读研究生，有一次和一个非常励志的学长聊天。这位学长跨专业考上了一所好大学的博士，让我们这些学弟学妹们都非常佩服。我记得，我大概是去请教他如何考上博士，我们在学校的操场上聊天。

我说过，我是个很任性的孩子，因为人生一直都是顺风顺水，所以从来觉得追求什么都不是太难，如果需要付出卓绝努力，那一定是智商还不够。我得意洋洋地跟他吹嘘自己每一次考试都是如何顺利通过的。我仍然记得，学长透过他那厚厚的眼镜片，轻蔑地看了我一眼，然后轻飘飘地说了一句："如果你觉得很容易，那是因为你从未挑战过自己人生的极限。"

我愣住了，从来没有人这样对我说过。后来学长走了，我自己一个人在操场上坐了很久，一直在思考，我人生的极限是什么？今日想来，所谓极限的边缘，就是这个"舒适地带"，也就是达克效应里说的"无知之巅"。在这个"无知之巅"或者说是"舒适地带"的边缘，我们感觉到自己拥有无穷的能力，似乎了解和掌控了整个世界，安全无比。然而，当有一天，我们跨过这个"舒适地带"的门槛，开始对自己的第一层"极限"发起挑战，我们会发现自己瞬间滑入了"绝望之谷"。是的，在听从召唤，走上儿童教育这条路之后，我无数次站在门槛前，跨过门槛，一次又一次，体验到离开"舒适地带"的恐慌和鲜血淋漓。

第一个门槛，就是花学园 1 号是否放弃。因为做花学园 1 号的时候，正好赶上了我的老二出生，一切混乱不堪，老师离开，孩子离开，做与不做，真的是太纠结了。

当然，我坚持下来了。但是，很快又遇到了第二个门槛，是否要升级到花学园 2 号。那个时候，作为一个家庭园，十几个孩子，大概再坚持两年，我的孩子就会完成幼儿园教育，进入正常的小学。不升级，我就可以回到命运原来设定好的轨迹上，去过简单的生活。既完成了母亲这个角色的召唤，又不会劳苦自己。

后来，2 号也做了。好不容易挺过了 2 号开始最艰难的两年，解决了家长接受度的问题。另一个门槛又出现在面前——要不要做小学？小学和幼儿园完全是两个概念。虽然当初出发，喜欢的巴学园，就是一所小学，但不等于，真的走到小学的时候，我可以毫不犹豫。不，我很犹豫，也很害怕。

小学也做了，然后就到了要不要做云初——一个给父母的第三空间。

做云初的 2016—2018 年，可以说是我人生当中最艰难的两年。遇到了很多困难，很多。

出现了各种质疑花学园的声音，甚至有家长质疑我们办学的初心。

一个悉心培养了两年的核心老师，离开了。

云初刚刚开始，装修过程中经历了和房东、物业的各种撕扯，经历了新建团队的各种磨合。

健康状况出现了大问题，不停地晕倒，以至于，原来对这个事业充满信心的家长们，都进入了焦虑的状态。徐先生看见我健康出现问题，开始不再支持我的事业，要求我停下来，好好休息几年……

困难真的太多了，难到我自己都在想，我是不是需要放弃。我常常睡不着，早上又早早醒来，我想和别人说说话，可是张口又不知道该说什么。我感到，没有人可以理解我。尤其是在生病的那段时间，我甚至怀疑守护我的老天，已经放弃我了。

然而，我还是挺过去了。

四、寻找“守护者”

关于守护者，迪尔茨老师在《英雄之旅：自我发现的旅程》里讲过一个超棒的守护者的故事。

> 在太平洋岛国多哥，当婴儿出生时，村里的女人们会为那个母亲举行一个仪式。她们把她和婴儿带到森林里，环绕在这个新到来的灵性周围。她们和婴儿坐在一起，感受着新生命独特的灵性，感受到一定时候，她们中的一个开始发出一个乐音，另一个女人往上加上另一个音，然后一个接着一个，最终这个部落会展现一首为这个婴儿创作的歌曲。这首歌曲完全是独一无二专属于这个婴儿的。
>
> 在他或她的一生中，每当他或她生日或举行其他仪式的时候，女人们就会聚在一起，唱起这首歌。假如这孩子

做了什么不好的事或者生病了，人们不会惩罚孩子或者给孩子吃药，而是会让女人们围绕着孩子唱这首歌来提醒他或她是谁。于是这首歌就成为这个人“英雄之旅”的一个终生支持。当这个人死去时，这群人会最后一次唱这首歌，以后就再也不唱了。

这真是一个美妙的例子。几乎是我听过最美妙的关于“守护者”的故事。每一个生命都是独一无二的，带着祝福而来。每一个生命都有属于自己的“英雄之旅”，得到亲人的祝福。

迪尔茨：坎贝尔指出，当你开始展开你“英雄之旅”的旅程时，你一定得找到你的“守护者”。谁是会唱专属于我的那首歌来提醒我我是谁的那些人？谁是拥有我需要却又完全不具备的知识或工具的那些人？谁能提醒我这个旅程是完全可能的，并且在我需要的时候支持我？谁是我的老师、导师、资助者、唤醒者？

这几年，因为工作的关系，我常常需要做讲座，每一次讲座，我既希望徐先生去听，又害怕他去听。希望他去听，是因为我想让他知道我在做什么，更清楚地知道。害怕他去听，是因为，如果我看着他，看着他笑眯眯地看着我，我会哭。我会想到，这几年他为我做的一切，我无法控制自己的眼泪，也无法控制自己的情绪。他为我做得太多了，如果说，我的生命中有一个守护者，我想他就是那个守护者。在我的人生中，我经历过好的爱情，也经历过坏的爱情。我深深知道，好的爱情，成全一个人，坏的爱情，毁掉一个人。我的幸运在于，我最终嫁给了好的爱情。在他的眼里，我什么都是好的，连我的任性，虽然是他不理解的，但他也愿意去支持。关于我和他，我想一辈子都写不完，日子还长，以后慢慢写。我只要记得，他是我最好的守护者就对了。

> **吉利根：** 关于"守护者"还有一小点需要说明。他们可能是现实的人——朋友、导师、家庭成员。他们也可能是历史人物或神话形象。

我的另一个非常重要的守护者，是阅读的习惯。在我跨越每一个门槛的过程中，阅读无数次帮助了我。而存在于书籍历史长河中的那些伟人们，都启示了我，他们就是我的守护者。

在儿童教育方面，日本的小林宗作校长，他创办了"巴学园"；意大利的蒙特梭利女士，她发现了儿童的"吸收性心智"，创办了蒙特梭利儿童之家；意大利的马拉古奇先生，他创办了瑞吉欧教育；还有英国的教育家尼尔先生，他创办了夏山学校……是他们让我知道：一切皆有可能，而路在脚下。

在心理学领域，我的守护者有卓越的家庭治疗师萨提亚女士，坚韧又天才的催眠大师艾瑞克森博士，神话大师约瑟夫·坎贝尔，奇迹般的意识研究大师肯·威尔伯，还有第三代催眠大师吉利根博士等。

在灵性的领域，佛陀一直是我的守护者。不断地阅读他们的书，看他们的人生故事时，我找到了属于我自己的使命和力量。

自然一直是我的守护者，每一次困顿不堪或迷惑不解的时候，我都会让自己放逐自然，在自然中找到平静的力量。

再后来，我的孩子也成了我的守护者，她们会说："我最幸福的事是在妈妈做的学校里长大，我喜欢这所学校，但是我妈妈太辛苦了，我很心疼她；我长大以后，也要做这个学校的校长。"

五、面对你的恶魔和阴影

吉利根： 英雄与胜者最关键的区别在于其与坎贝尔称为"恶魔"的东西的关系。恶魔是那些企图阻断你的英雄之旅的东西，它们甚至威胁着你的生活，以及那些与你相连的事物。英雄之旅其中一个重要的挑战就是，你如何去应对那些在你的内在以及周围都会有的"负面的异己"。

迪尔茨： 在很多情形下，英雄之旅的高潮出现在与我们称为"恶魔"的东西的对抗中。那些看上去充满恶意的存在时时威胁着你，并且狠命阻止你去接受内心的召唤。坎贝尔指出，当最初你认为恶魔在你的外部并且与你作对时，英雄之旅将带你认识到，问题并非来自你的外部，而是你的内在。而恶魔最终只是一股既不好又不坏的能量。仅仅是一股能量，一种现象而已。

读博时候，喜欢睡觉，觉得“每天睡一半醒一半”是最好的人生状态，所以，自己的QQ签名就定成了“每天睡一半醒一半”。可是，那个时候，老师们都好努力，我研究他们能够有所成就的原因，发现不外乎两个：一、睡的比别人少；二、活得比别人长。于是，我得出结论——牛人都是不睡觉的。于是，我也学着少睡一点，可是都没有在做正经事，睡觉倒是变少了，事情却没有多做，于是我又得出另一条结论——不睡觉的并不一定都是牛人，也有可能是网虫。

走上工作岗位，工作很轻松，大学老师，一个星期8节课，在一天内上完，剩下的时间都是自己的，感觉到莫大的幸福。这时候，只要再嫁个好老公。那么，关于人生的期望“前庭后院下午茶”就一定会实现。

后来，我果然嫁了一个好老公，他有自己的事业，对我又好。几乎有求必应，对我却是除了身体健康之外，没有别的要求。但是我却莫名其妙，蒙受召唤，走上了创业的路。从工作一天、休息六天到工作六天、休息一天，再到后来365天，全年无休。于是，我的名字改成了“云上”——理想在云端之上，现实在泥土之下。

每一次和老同学、旧闺蜜见面，她们总会说：你本来完全没有必要这么努力，你嫁得这么好，你何必……

是啊，这几年，不断对抗的心魔就是：“你本可以过着无忧无虑、自由自在、坐吃等死的生活，你何必……”

我常常说，最大的心魔就是“娇气与懒惰”。娇气是因为有人疼，认为自己“本可以……”，但已经很努力，所以，不该遭遇挫折。懒惰是因为本来有一条好走的路，为什么要披荆斩棘？

我已经跟娇气与懒惰斗争了快十年。

另一个更大的心魔就是——别人的看法。直到我看到杨绛先生说的：“世界是自己的，与他人无关”，我才彻底明白，活在别人的眼里，死在别人的嘴里，这是愚蠢的事。

斩杀恶魔的过程，就是自我成长的过程。结婚十年，就是和“娇气与懒惰”“别人的看法”这两个恶魔对抗的过程。我克服了吗？我不是很确定，但我想，它们已经影响我越来越少。

六、发展一个内在的自我

> **迪尔茨：** 作为一名英雄，必须要学习的事情之一便是如何玩好内部游戏。这仅有我们的认知心智参与是远远不够的。内部游戏是一种功能，兼具情感部分，身体智慧和灵性的智慧，包括与更大的意识场域的连接——对

超越自我与智力的一种智慧的深层次感知。走在英雄之旅上，你不得不成长。如果拒绝学习和成长，就成不了英雄。

回顾我自己的成长历程，我想，我现在应该还在这个阶段，我所期待的蜕变还远没有到来。我开始调整饮食结构，希望自己更健康，我开始健身，希望自己能够活得更有力量。我保持灵性的学习，练习呼吸、冥想和打坐，我坚持早起和阅读，保持正念……岁月有功，现在在哪里努力，以后就在哪里收获。

七、蜕变

吉利根： 这是一个充满挣扎、奉献和争斗的时刻，它将引导你去创造新的认知和资源。此刻，你在自己的内心和这个世界创造出前所未有的东西。这就是我们所说的“有再造力的”的意思：超越已经拥有的一切去创造全新的东西。当然，这个过程可能会花相当长的一段时间。也许是一段二十年的婚姻，也许是一生的工作，或者经年的探索和创新。这期间会遇到无数挫折和失败，还有所有看上去迷失以及前途渺茫的时代。这些都是英雄之旅可以预料的成分。英雄就是这种人，他能够应对这些挑战，并且创造出成功面对挑战的新资源。转变阶段是你在你的旅程中取得成功的时候。

在我成为母亲，走上创新教育的过程中，很多人说我有情怀，说我理想主义。事实上，我是一个非常理性的人。我对人生之路的设计有非常理性的成分，我知道自己在做什么，我也知道自己将走向哪里，我知道为了达到这个目标，我需要付出哪些努力，付出多少努力……

开始的时候，每做一个决定，我都会纠结、犹豫很长的时间，因为我很害怕，怕自己做不好，怕辜负别人的信任，怕自己承担不了应该承担的责任。后来，随着我做的事情越来越多，我决定的速度变得越来越快。我依然还会害怕，但那个害怕变小了许多。因为，所谓害怕，无非就是：别人的评价，必须要承担的责任。

存在主义哲学家萨特说过：自由即选择，选择即责任。事实上，我们的每一个选择背后，都有一个后果。很多人，不敢做选择的原因是，他既想要那个选择的美好成果，又不希望承担选择有可能会错误会失败的后果。如果你早早就知道，两者本来就是一体，失败中有经验，成功中有陷阱，你就会明白，世间事，本无好坏，它都是中性的，是一种启示，一种提醒。关键是，你要在随后做什么。

再后来，变得每一次我做一个重要决定的时候，我都会深深庆幸：好在，我还很年轻，我在很年轻的时候，就明白了这些道理，就知道了自己想要的东西，这是个莫大的幸运。而我的时间，还有很多，我可以做到它，这太好了。

八、回归

> **迪尔茨：** 英雄之旅的最后阶段是回归。这种回归有着好几个重要的有关英雄之旅的目的。其中之一是与他人分享你在旅程中所学到的东西。英雄之旅不仅仅是个人的自我之旅，它是一个为个人和更大范围的公众所作的转变的过程。因此，当一名英雄回归后，他或她必须找到一个与他人分享领悟的途径。除了给予，英雄还必须得到他人的认可来完成他的旅程。

我还年轻，我的旅程才刚刚开始，还远没有结束。在这一次的写作过程中，我回首往事，常常觉得惊讶：原来我走了这么长的路，原来这么多年，我做了这么多的事。

我似乎有一种遗忘的习惯，那就是这个过程中的苦，差不多都不记得了。所以，有人说，为什么，一些艰苦的过程，你都轻描淡写。这是读者想看的部分。但是，我想说，如果常常保有那些痛苦的记忆，又怎么会有力量快速地往前走呢？

这么多年，感谢我的孩子，给我召唤，因为成为母亲，我走上了一条自己不敢想象的路。因为成为母亲，因为有先生的护持，即使我也充满害怕和恐惧，但我依然坚定前行。因为我知道，这是一条走上了以后，就不会回头的路。这是一条真正的、属于女性的英雄之旅。

你为谁活着，就活成了谁想要的样子

“做你自己，因为如果你不做你自己，你就不会是你自己。”

——来自一个无名墓碑

有一天，我的学员问我：老师，你是什么时候开始想明白这些人生问题的？

我说，大概十几岁吧。她们表示很惊讶。

其实，一点也不必惊讶，我们在还是小孩子的时候都曾经思考过无数关于人生的问题：我是谁？我可爱吗？我被人喜欢吗？我是受欢迎的吗？我能干吗？我的学习能力好不好？我以后要做什么？我喜欢做什么？我想要什么样的人生？我不想要什么样的人生？生命是什么？为什么会有死亡？宇宙是什么？宇宙以外是什么……这些，都是一个 10 岁的孩子曾经想过的问题。只不过，很多人忘记了自己的答案。或者，忘记了继续寻找答案。

16 岁：不再活在父母的期待里

16 岁那年，我还在上高中，已经寄宿了，一周回家一次。

一个周末，和父母发生了激烈的争吵，大约他们对我的表现不太满意，然后，我爆发了。我至今记得当时我跟父母说话的样子、口气以及情绪。我对父亲说：我从小就很乖，很认真地学习，就是为了让你们开心，为了让你们满意。为什么你们对我还有这么多的要求？

我的父母大约是震惊了，他们不知道原来我是这么想的。可能那一次争执得很彻底，在我的印象中，从那以后，我的父母几乎不再干涉我，人生的很多决定，就基本上是自己做的了。包括上什么大学，选什么专业，包括继续考研读博，包括选什么男人，和谁结婚，包括从大学辞职，创办花学园、云开小学、云初……这之后的一切，我都是做了决定以后才同父母说。这并不是说，我和我的父母沟通不好，而是他们的意见不再左右我的人生。

是的，从 16 岁开始，我就学会了不再活在父母的期待里，只有自己才能为自己的人生负责。

28 岁：种下使命的种子

28 岁那年，我完成了博士论文，题目是《第二性的权力话语》。毕业以后，做了大学老师。教的内容与我的研究没有什么关系。从大学离职后，和先生一起做过一段时间的科技公司，专业丢到八万里外，唯一的作用，就是订正员工的错别字，还常常被一群理科博士“嘲笑”文科的研究都没有什么价值。再后来，生了孩子，做儿童教育，和过去的研究也风马牛不相及。我常常以为我把我自己的专业丢掉了，有的时候，所有日常事务都忙完，深夜独自一人面对自己的时候，也曾拷问灵魂：难道过去我所学习的、我所研究的都没有意义了吗？那么，我花那么多年时间做这件事情干什么呢？

有一天，我给自己画了一座“冰山”（由弗洛伊德提出隐喻，后来被家庭治疗大师萨提亚深化为一种心理分析的工具），寻找自己的人生意义和使命，才忽然悟觉，原来，我今天所做的一切，在十几年前就已经埋下了种子。十几年前，我在图书馆里、宿舍里、教室里……日日夜夜看过的书，从研究生开始就在阅读和思考的问题，到了博士阶段还在深入思考和研究的问题，就是我这一生最感兴趣的事。我在上下几千年的女性历史里穿梭，看见的成千上万个故事、流过的眼泪、产生的感动……终将发酵成一个我无法拒绝、不能忘记、念念不忘的梦想。

看见女性、听见女性、尊重她们每一个人的生命故事，成就女性成长，成全女性幸福……这一切，应该是我在 28 岁那年完成博士论文的时候，不知不觉就给自己种下的种子吧。

说真的，当我画完冰山，联结到十多年前的资源时，刹那间泪流满面，仿佛经历了一次深入骨髓的个案咨询。

我自己画冰山已经有五六年了，也教很多学员画冰山，有时候也和学员一起研究、讨论她们的冰山。但，每次自己画到一座“大冰山”的时候，都会觉得自己关于人生的理解，升了一大级。冰山是真正的体验性工具，只有多次反复不断地使用它，才能真正体会它的妙处。

34 岁：完成“好母亲”的角色期待

34 岁那年，我做了一个很重要的决定，不仅辞掉了大学的工作，而且也离开和先生一起创业的公司，创办了只有一个老师两个孩子的花学园。那个时候，几乎没有人能够理解我的决定。先生虽然给予了经济支持，但也并不理解。

那个时候，我无法跟先生解释清楚为什么我要做这件事，为什么这件事对我这么重要。我只能对他说：我现在没有办法说服你理解，但 5 年以后，你会理解我的。

5 年早已过去，他现在自然已经理解得不能再理解了。

其实，我无数次拷问过自己，为什么我要做这件事。最初，我觉得是我对教育现状不满意，还觉得是为了孩子。但是，作为一个长期研究心理学的人，我知道，这只是现实答案，而不是真实答案。真实的答案往往只和自己有关，和别人是无关的。

有很多女性，在成为母亲后，会为孩子做很多事，有些事，在别人眼里看来似乎是“疯狂”的。但是，不管别人怎么看，这个妈妈，依然还是会我行我素。这其实，和妈妈自己的

“冰山”有关。

回想我自己，我有一个奉献型的母亲，为了她的孩子，她奉献了自己的一生。如果问，她人生最大的价值是什么？那就是，她是一个非常好的太太，也是个非常好的母亲。她和我父亲，关系很好。虽然也吵吵架、拌拌嘴，但是一直同心协力。她把她的孩子都培养得非常好，成了很多人羡慕的对象。可是，我在16岁的时候，就怀疑过，难道我也要过这样的人生吗？把我的一生完全奉献给我的家庭，做一个好太太、好母亲。那么，那个“我”呢？“我”作为一个独立个体的价值在哪里呢？

多年以后，我也做了母亲。我母亲的好榜样，让我也成了一个好太太、好母亲。但是，那个“我”的不甘心，一直在搅动着我，使得我在设置人生道路的时候，一定要把这两个方向设定在一起，就像拧麻花一样，把它们拧在一起。

我做到了。就像我当年“忽悠”我的大助理，莫大美女，加入花学园，而她现在已经荣升莫校长了。

我是这么劝她离开人人羡慕的单位，来和我一起奋斗的。我说：来，我们一起，把带孩子都带成一个事业。世界上，还有比这个更适合女性的工作吗？

然后，她就成功被我“忽悠”了，从此在新教育之路上，一去无法回头，也算是为了她儿子，献身教育事业了。

2017 年：谢谢你看见我

2017 年，我又做了一件大家无法理解的事，创办了云初。最初的目的，就是为了做成人的学校。早期，这个想法还很模糊，但是，我是属于那种，会跟随直觉走的人。我曾经说过，为了做不做这件事，我纠结了半年，最后，给自己做了一个咨询，想象多年以后，那个老了的自己问自己：如果不做这件事，你会不会后悔？答案是，一定会后悔。

所以，排除万难，我还是做了云初。

云初并不顺利，中间波折，一言难尽。直到 2018 年底，才云开雾散。

时空穿越，我终于找到我要走的路。这条路，会很长很长，也会很难很难，我才刚刚开始走。

有人问，过去的路难道不是你要走的路吗？当然是。过去的每一步都是我自己走的，也都是我要走的。每一步，我都为自己负责，没有抱怨过别人，也不批评自己。

16 岁以前，我是父母的女儿，我活在他们的期待里，是因为，这是我作为“女儿”这个角色的责任。

16—28 岁，我活在为自己建构人生资源里，我种下了使命的种子，还没有力量让它发芽。

34 岁，作为“母亲”的角色，超过了“太太”这个角色的战略意义，我需要为我的孩子做些什么，这是我作为“母亲”这个角色的爱和责任，也是我的孩子对我的期待。所有的孩子，都会期待有一个好母亲、好父亲。每个人的做法都不同，而我只是做了一个选择。

2017年，我的“自我”的种子，开始发芽了，试图来寻找我，遗憾的是，那个时候，种子刚刚破土，我还看不见它。而且，当时，“母亲”这个角色太大了，遮住了我，让我看不清楚。我甚至一度活在一个“好母亲的人设”里，一个为了孩子创办学校的好母亲人设，看起来不是很棒吗？遗憾的是，这依然是别人的期待，家长们的期待，社会的期待。当这个人设已经大到我看不见自我的时候，自我终于“倒”下了。2017年，我病了，不仅身体病了，连心都病了。

好在，我有一个很好的家，一个很好的先生，他陪我度过了很困难的几个月。养好了我的身体，但我依然没有看懂自己的“心”。我的种子一直在长，可是我还是没有看见它，直到2018年末，直到昨天、今天……我终于看清楚它。我终于可以跟她说：你好，谢谢你，没有忘记我，终于回到我身边。我曾经为了做一个好女儿、好太太、好母亲，忘记了你，谢谢你，没有放弃我，也谢谢我自己，没有放弃你。你好，欢迎，欢迎。让我们在一起，共同成长，直到走到此生的终点。谢谢你，真的谢谢你。

澳洲有一个护士，她的工作是护理临终的老人。后来，她做了一个调研访谈，人这一生，最大的遗憾是什么。在众多的答案中，摆在第一位的是：

这一生，活在了别人的期待里，而没有活成自己想要的样子。

有人把它翻成更加通俗的句子：曾经，我本可以，但，因为……我没有做到，到最后，悔不当初。

《大话西游》里，周星驰把它翻成了：曾经有一个机会，摆在我的面前……

我想说：每一个人，本来都有机会活出独一无二的样子，自己想要的样子。但是，因为……到最后……

你为谁活着，就活成了谁想要的样子。唯独不是你自己想要的。

人生，其实有很多很多的选择，遗憾的是，我们并没有想过，或者说，我们想了，却不敢去做，做了又害怕承担责任，最终，在犹豫反复遗憾中蹉跎了只让我们来这一辈子的真实意义。

追随内心直觉的喜悦而活，就是过一种我称之为“被神话精神所激发的生活”（mythologically inspired life)。我教学生教了很多年，偶尔，我会看到某个女学生在我的施教下，突然觉醒了。这是我教育岁月里的一些美妙时刻。不过，她们有些会贯彻到底，有些则会回复老样子。当我在五年、十年或二十年后的校友会上再次看到她们的时候，就可以明显看到一个追随自己星辰的女学生和一个过典型结婚生子生活、完全脱离原先理想的女学生之间的分别。你一眼就可以看出这种分别，因为她们流出来的生命力是大不相同。那些有幸可以成为艺术家或从事需要想象力工作的女学生，据我的感觉，是过得最自在的一群。不过，这并不是你能过上福佑生活的唯一途径。

——《英雄之旅：约瑟夫·坎贝尔亲述他的生活与工作》

第二章 成为母亲

我不知道怀孕生子的经历对性别平等这一概念有多大的冲击。孩子的出生不仅将女人和男人区分开来，也将女人和女人区分开来，于是女性对于存在的意义的理解发生了巨变。她的体内存在另一个人，孩子出生后便受她的意识所管辖。孩子在身边时，她做不了自己；孩子不在时，她也做不了自己。于是，不管孩子在不在身边，你都觉得很困难。一旦发现这一点，你就会觉得自己的生活陷入矛盾之中，无法挽回。或是陷入某种神秘的圈套，你被困在其中，只能不停地做无用的挣扎。

——蕾切尔·卡斯克:《成为母亲》

英雄之旅与玫瑰门

读书时代，我读过很多女作家的作品，那时候中文系的女同学，都读女作家的作品，也许是为了寻找某种共同的生命体验。

男人则只喜欢读男人的故事。把男人的故事，读得最好的，是美国已故神话学大师坎贝尔。

坎贝尔发现了男人故事背后的隐含逻辑。他把这个逻辑命名为“英雄之旅”。英雄响应某种号召，从而踏上征服之路，一路克服艰难险阻，最终战胜了恶魔，回到人间。

这是属于男人的故事。它的主题是——征服。

女人们也有自己的故事，但它的逻辑却往往是，每一个女孩，出生的时候都以为自己是一位公主，她的英雄会踏着七彩祥云来娶她，就像紫霞仙子想的那样。可是没想到，最后来的不是大圣，而是只猴子。公主无奈地接受了残酷的现实，草草嫁了，在生儿育女、忙碌琐碎中度过一生。

这是属于女人的故事。它的主题是——臣服。

结了婚的男人，总不会忘了他的英雄梦，叫他做了父亲以后，还要在社会上搏杀。

可生了孩子后的女人，就像被晒干了水分的蜜饯，自愿密封装进一个叫做“家”的罐子里，成了生活的点缀。将美好的剧情，都让渡给孩子的屎尿屁，a、o、e……岁月经年，儿女成年。她从罐子里爬出来，青春不再，无人垂怜，变成了路边让人混不在意的小石子。悠忽，一生。

铁凝写过《玫瑰门》，陈染写过《与往事干杯》，卫慧写过《上海宝贝》，林白写过《一个人的战争》，王安忆写过《长恨歌》……这些都是当年我读过的有名的女作家之名作。

女人们的故事逻辑，大概可以用这几部小说的篇名串起来："上海宝贝"（公主的隐喻）穿过了"玫瑰门"（结婚生子的隐喻），只得与往事干杯（忘记自己的公主梦），从此生活变成了"一个人的战争"（丧偶式育儿），回首人生，不过是一首"长恨歌"。

男人与女人的故事隐喻如此不同，仿佛一个天生就是明亮的，一个天生就是灰暗的。性别背后所带有的不同色彩，似乎与生俱来。

英雄披荆斩棘的道路上，不需要女人和孩子来做他的拦路虎，所以他们要女人呆在家里。可英雄征服世界归来之后，却要女人和孩子的崇拜，所以他们要女人和孩子呆在原地来瞻仰他的风姿。

如果，他有一个儿子，他会高耸着他的肩膀和头颅，要给儿子讲他的丰功伟绩，他要让男人的故事被继承。可是，如果他有一个女儿，他会低下头来，抚摸着她的头，要她走和妈妈一样的路：在家里，玩着布偶，穿着花裙，等着哥哥们归来。

西蒙·波伏娃在她那本有名的《第二性》中说：女人与其说是生就的，不如说是被造就的。

这就是男性与女性的不同故事，是我在无数故事里读到的隐含逻辑。所以，对于一个研究女性主义理论的女学生的婚姻，男老师们是没有信心的。每一次，他们看到他们的女学生，做这样的选题，总会恨铁不成钢地摇摇头，问她们，为什么不试着研究一些深刻的命题，那些天然属于男性世界的命题。

男老师们当然不知道，女学生自然只愿意去与女人的历史和故事共鸣。她们之间有不可言说的秘密，一代又一代，都要去找突围的路。

当然，这很难，因为……故事的套路挡在面前，男人围堵在面前，无数不觉醒的祖母外祖母阿姨妈妈们挡在面前，不让她去走一条觉醒的路。

因为，在她们看来，反抗这个几千年来就存在的逻辑，是对女性历史的背叛。

难道不是这样的吗？才反叛了 100 年左右的时间，大部分的人又准备好回去了。大部分女性，读完大学，为自己找一个好人家以后，就准备辞职回家带孩子了。

当初，不仅男老师们没有信心，我也没有信心。我担心，我自己也无法应对婚姻，更不相信自己能够成为好母亲。

然而，无论如何，我还是以“三高”女青年的身份踏入了婚姻，并且很快的成为了一个母亲。

三年两个娃

胖了 50 斤

怀一次孕，我胖了将近 50 斤。

怀孕前是好女不过百（斤）。生产时，达到 144 斤的体重。视觉上，是胖成了一只大象。

孕期，我一张照片都不肯拍。我没有想过，自己会变成一个大胖子。

怀孕前，我还在学校上课，每天穿得风光体面，学生们背后叫我制服老师，因为，每一次上课穿的衣服，都是先生陪我精心挑选的，知性又得体。

怀孕后，这些衣服通通收到柜子里，好久都穿不上。即便后来慢慢瘦下来，再拿出过去的那些好衣服，白色的已泛黄，因为剪裁太修身，松掉的腹部也再也撑不起那样的笔挺。

这些衣服，我收着好几年，总幻想着有一天能够再穿上，然而，再也没有穿起过。终于在一次搬家中，被我狠心断舍离了。送走的那些好看的衣服，宛如无论我如何不情愿都自然消逝的青春。我不知道，后面所得到的一切，是否对得起这一份逝去。

多年以后，我做了很多很多事，经历了一次又一次减肥。

养大了两个孩子，并在这个过程中做了几所学校，身心疲惫又充实。有一天读到了一篇写朴树的文章，忽然泪如雨下，那么多人喜欢用“出走半生，归来仍是少年”来形容朴树，对于这种说法，朴树不以为然，他说：“不是我仍少年，是这个国家的人都选择过早地老去。”

彼时，我正在做我们云初成长学院的周年庆，我在做《成为父母》的讲座。在讲座中，几次差点都控制不住自己的情绪，也许是因为回忆往事，看见自己的“少女心”一寸寸死去，有点挽留不住的悲伤。那个夜里，我问自己：如果老天再给你一次机会，你还会选择这样的生活吗？还会选择成为母亲以后这样的路吗？我想说：会吧。如果，老天再给我一次机会，也许我还是会选择走上这条路。因为我有那么爱的人，为了我的爱和责任，我还会选择勇敢吧。

少女之怀梦，犹如匹夫之勇，让人心动却于济世无益呀。人到中年，梦是要紧的，然而路却还要继续走。

当然，后来我还是瘦了下来，但，心境再也回不到从前。

剖腹产

生产前，我做了顺产的所有准备，为了好生，认真地走路，甚至按照攻略，爬了两三个星期的楼梯。

我是见红以后去的医院，预产期也已经到了。只是肚子并没有开始痛，也感觉不到宫口已经开了。

到了医院，是一切的例行检查，医生是早就选了最好的。

检查的时候，医生问我：是剖还是顺？

我本来想说：顺吧。

可是徐先生却直接说：剖。

我看他小心翼翼的样子，瞬间怂了。产前看的什么顺产对孩子有好处，等等，这些攻略全忘了。是的，我怕疼，很怕很怕，在还没有开始痛之前，就已经快要吓死了。想象宫口开，将一切隐私置于人前，一次又一次在风中嘶吼却无人同情的画面，以及名闻遐迩的侧切，光是想一下，都全身疼。

几乎没有什么犹豫的，我就缴械投降了。在还没有开始痛的时候，就选择了剖腹产。

有很多书都分析过顺产的好处，剖腹产的坏处。我在想，如果顺产没有那么可怕那么痛，谁不会选择顺产呢？事实上，使得顺产没有那么疼痛的技术，早就存在了，并且很成熟，且不贵，为什么国内不使用呢？任由无数产妇在产房里挣扎呼喊？

有人说，要对一个男人有多少爱，女人才可以忍受剧痛，为他生一个孩子？要对一个男人有多少爱，女人才可以忘记第一次的疼痛，鼓起勇气去承受第二次，再为那个男人生一个孩子？

剖腹产的速度很快，不过一个小时。因为打过招呼，医生护士都比较友好，于是一边打麻药，一边还可以闲聊。

手术的整个过程，并不沉闷，我只是奇怪，电视里看的肃穆的手术室难道是假的？气氛一点都不严肃嘛，大家都聊着家常。

因为是半麻，所以整个过程是清醒的。那种手术刀划过肚皮，你没有痛感，却又非常清晰的感受，像是你的灵魂飘到了上空，在看一群人在切一个塑料娃娃。没有感动，很麻木，我觉得，更像是不懂，其实是不懂自己发生了什么。

直到医生提醒我，孩子已经生出来了，哦，不，是剖出来了。这让我有点魔幻，孩子就这么生出来了，与以前电视剧里看到的撕心裂肺一点都不一样啊。

医生把孩子抱给我，让我看一眼："是个女孩，你亲亲她吧。"

小婴儿，一身脏兮兮的，粉红中带点青紫，还粘着莫名的白色污渍。抱给我，我还仰面躺在手术台上。亲到的是屁股还是脸蛋呢，应该是屁股吧。脸蛋亲起来，角度不对，怪麻烦的。

这就是我的孩子了。有一种清冷的触感，语言无法描述，但是停在我的记忆里，久久没有忘记。

看了她一眼，长相都没有看清，麻药的作用就来了，于是我昏睡过去。并没有感受到，自己做母亲的喜悦。更多的是一种茫然，对未来会发生什么一概不知的茫然。

在此后的几个月，其实我都是茫然，像是一个被摆布的娃娃，听有经验的人，跟我说这个说那个。

羞耻感

年前产房很紧，没有预约到单人房。住的是三人房。安慰自己，虽然人多一点，但是作为新妈妈，有人交流一下也是好的。

隔壁床的妈妈，生产回家一个月以后发现感染了，又回到医院，在医院里住了两个多星期，貌似并没有协商出和医院怎么处理的结果。最后因为想念孩子，草草就回家了。她每天都很沉默、难过，莫名让产房有点压抑，大家的喜悦都只能低低的，生怕这不好的运气，传递到自己。那个时候，每个人都顾着自己，无法再有人道主义的余力。

剖腹产是不疼的。但是，剖腹产后很疼，肚子像被闪电劈开了。一阵又一阵的疼痛。镇痛棒并没有什么止疼的明显作用，更大的像是心理安慰，看它一点一点地减少，注入身体，觉得如果不用，更让人害怕吧。

比疼痛更可怕的，其实是羞耻，是流血不止，一片片换掉的带血的尿不湿，是护士每天几次拿着消毒棉签在你的身下草草擦拭的无法面对……那一刻，我感谢自己选择了剖腹产，想着如果是顺产，一次又一次地将自己袒露人前，会把任何一个高傲的女人变成无所顾忌的妇人吧。也难怪许多女人生完孩子以后，都变得百无禁忌。大概经历了这样的羞耻，其他也不算什么了。就像一个素客，因缘际会，吃了一次大荤，从此以后，便荤素不忌。把男女之间最后的一点神秘感，都扯碎在风中。

想到这里，是害怕的。我并不想变成这样的妇人。提醒自己，以后上厕所要记得关门，隐私的事情，还是要避着先生。情爱的坦诚与血腥的裸露不同。是男女之间，最后的遮羞布。

你看，有太多文章歌颂母爱的伟大，但有几人会去祭奠成为母亲的这一段血腥的回忆呢？

两年以后，生育老二，在美国。整个产程，干净、清爽得多。让我疑心，不是说世界是平的吗？为什么在妇科技术上有这么大的差别。同样是剖腹产，并不血流成河，术后清洁的方法也多是又便宜又让人体面。为什么，这么简单的流程，都做不到呢？

在美生产最大的收获是什么呢？那就是，孩子的爸爸可以进产房。

生子曰的时候，我在产房里，他在产房外。麻药退后醒来时，他就在我的身边，笑眯眯地看着我，对我说，孩子和我推出来的时候，他们都去看孩子，只有他想要看到我。我一定很感动吧，可是麻药的劲儿还没有退，我反应得很慢。

生之言的时候，医生问我们，爸爸要不要进去，我们选择了进去。依然是剖腹产，剖腹产的整个过程，他都握着我的手，让我安心又温暖。

产程不是很顺利，可能是第一次的剖腹产手术没有处理清楚，孩子有点粘连，医生尝试了好多次，孩子都不能顺利地取出。虽然，因为麻药，我一点痛感都没有，但是我还是莫名奇妙的紧张，感受着医生一次又一次尝试把孩子带离母体，那种感觉，真是玄幻。我真的有点害怕，怕麻药的效果会过去，孩子还不能顺利地取出来，然后我会痛死。徐先生大概感受到了我的紧张，不停地抚摸我的额头。感受到额头的温暖，心里想着：幸好你在。

好在，是一个有三十年妇产经验的资深医生，尝试了几次，孩子就取出来了，然后就是缝合。

后来，徐先生告诉我，在看完整个剖腹产的过程后，他做了一个决定：以后再也不让我生孩子了。

养娃纠结事

没奶怎么办?

子曰刚生下来的时候，我几乎没有什么奶，大概管个四分之一都很艰难。没有奶的时候，女人想的是什么？女人想的不是自己的身体是不是不适，而是想着，自己是一个不合格的妈妈，连这么简单的东西都无法向孩子提供。有太多太多的资料告诉你，母乳好，全母乳更好。所以，没有奶的妈妈，用尽了全力追奶，有奶的妈妈，背奶上班。在这个过程，所有人都说，这是母爱最基本的呈现，从来没有人真的认真关心过妈妈在这个过程中的艰辛和复杂情绪。

为了让子曰能够全母乳，我拜读完小巫的全套书，还有马悦凌的《妈妈是孩子最好的医生》。为了催乳，拿了妇幼的配方，天天吃，因为药引是猪蹄，所以月子里，一下胖了十多斤，出月子时面目全非，结果还是没有奶。我至今记得，当我月子结束后，亲友看到比刚生产完后还胖了十多斤的我，那种惊诧的表情。多年以后，我都无法忘记那个表情，那个表情在告诉我：你怎么变成了这个样子。过去那个优雅大方的你去哪里了？

去了哪里呢？飘散在成为母亲的风中呀。我甚至没有一秒钟的时间可以沉浸在这种哀悼青春逝去的感伤中，孩子还等着我的奶呀。我从一个鲜活的青春女性，成为了孩子的粮仓呀。粮仓又何必太在意自己的胖瘦呢？

因为吃鲫鱼豆腐汤还有点效果，我吃了一百多条鲫鱼，有奶的日子里每天吃。我想我真的很努力了，可是还是没有奶。我曾经怀疑自己是个不称职的妈妈，怀抱子曰，充满愧疚。直到有一天我在一个帖子上看到了这样一句话——往后的日子里，除了奶，你可以给孩子的还有很多。

我释然了，真的，每个人的身体都是不同的，不必强求自己是个奶妈，也不是只有奶妈才伟大。每个妈妈都有给孩子最珍贵的东西。所以，子曰五个月的时候，我就果断地断奶了，然后减肥。

另外，鼓励后进的妈妈，虽然子曰是个奶粉娃，但是身体还不错。能母乳最好，实在没有也莫自责。

2012 年，我又生了老二小之言。遗憾的是，依然没有奶，尽管我在月子里也想尽了办法，可是依然连对付一个下午茶的能力都没有。所以，月子一结束，我就自动放弃了。小之言一直就是个奶粉娃。现在也 7 岁了，健健康康，活蹦乱跳，从小到现在，体质也不错。我也因而明白，有母乳自然是好的，但是，如果没有，也不必强求，不如早早放过自己。

世间有两匹马，通通放出去，日子会松快很多。这两匹马是：放自己一马，放别人一马。

要不要请阿姨？

子曰两个月，我要上班了。家里除了外公，没有人帮忙带孩子，必须请个阿姨。阿姨刚来的时候，我哭了。我看她哄子曰睡觉，看她给子曰洗澡，嚎啕大哭。我觉得自己不是个好妈妈，连自己带孩子的能力都没有。我更不忍心，把自己千娇万宠的孩子交给一个陌生人去养育。她还那么小，那么可爱。

我清楚地记得，我站在楼梯口，看着阿姨轻轻拍子曰入睡，心如刀割。这个时候，子曰爸爸跟我说——别伤心，孩子总要长大，总要学会和别人相处。

我们家一共换过五个阿姨，在子曰八个月的时候，终于不再更换。算下来，小李阿姨在我家呆了快九年了。老二出生以后，她照顾老二比较多，因而老二与她的感情比老大还要好。有一天，我问老二：宝贝，你心里爱谁。老二说："妈妈，本来我应该心里只爱你。但事实是我心里既爱你，也爱阿姨。我是你生的，所以，我一定很爱你。但是阿姨照顾我这么多年，所以我也爱她。"说这话的时候，老二还不到 7 周岁。可是，她却想得清清楚楚，明明白白。而我心里也没有一丝纠结难过的感受。我很高兴地对她说："妈妈很高兴，你说你心里是很爱妈妈的。妈妈也很高兴，你也爱阿姨。阿姨确实帮助了我们很多，你真是一个善良有爱的好孩子。"

因为这么多年的情分，我们家的两个孩子，都对阿姨很好。我并不知道阿姨和我们家的缘分还有多长，但是，在朝夕相处的过程中，我的孩子学会了爱的表达，不仅对家人，还对他人，让我觉得欣慰极了。

可以出差吗？

子曰出生以后，我拒绝了所有的出差。

在孩子成长的过程中，我看过很多心理学的书，特别是精神分析流派的，都会告诉你，如果你在孩子多少岁之前，离开孩子一周两周，都会给孩子造成心理上的创伤。

作为母亲，看了这样的书，真的很害怕。真的会觉得自己离开的行为十恶不赦，似乎一生都要为此付出代价。但是，后来，我在生活里接触了很多妈妈，说真的，每一家总有自己的不得已，并不是所有的爸爸妈妈都有办法一直呆在孩子的身边。如果我们过于执着创伤理论，那会内疚一辈子吧。

心理学里也有关于终身成长的研究，其实很多创伤，如果后来大家能够有意识有方法地处理，并不是完全无法补救的。最可怕的，其实是内疚的情绪呀。

后来我的出差越来越多，有的是因为工作，有的是因为学习。几乎每年都有几次，一次五六天不等。老二出生以后，也是这样。每一次出门，既欣喜又心酸，欣喜是就像放假一样，好不容易有了自己的时间。可是心酸却是，虽然肉身是自由的，心却一点都不自由。

是的，每一次出门，都是这样的感受。既想回家，又不想回家。既想孩子，又不想孩子。女性成为母亲之后，她就不再拥有全然的自由了。尽管，在成为母亲之前，她也并没有意识到这样的自由有多么珍贵。但是，一旦她成了母亲，她才会知道，失去的自由是一种无法复现的高光时刻。

想要一段完整的睡眠

带孩子的过程中，比琐碎的日常更让人崩溃的，是睡眠，有了孩子以后，注定无法拥有完整的睡眠。

成为母亲前的睡眠，深远悠长。我记得，睡眠最好的时候，是在硕士研究生时期。那个时期，整栋研究生楼的同学都在熬夜，一两点睡觉都是常事。有人可能是在正经做学问，大部分怕都是在刷剧。

清晨一两点才睡去，往往会睡过早饭，在午饭的钟声即将敲响前醒来，把中午当清晨。喊上隔壁睡得同样晚的同学，一起去食堂吃午饭，吃完午饭做点事情，到了下午一点多，继续去和周公做好朋友。大约总能睡到 3—4 点，就是锻炼的时间了，打球游泳。然后便是晚饭。晚饭后在校园里逛一下，消消食，到夜里八点钟左右，一天似乎才正式开始，看书码字。

这样的日子，有过两年，因为太过自由幸福，因而留存在记忆深处不肯忘却。这是青年时期的睡眠。

读博士的时候，课业重，不敢如此任性随意，但是博士的学业，大多还是自学为主，一周不过一两天的课，剩下的时间，自然想几点睡就几点睡，想几点醒就几点醒。那个时候的睡眠，细细算下来，居然有时一天能睡到 12 小时。于是，我把自己的 QQ 签名改成了：每天睡一半醒一半。

并且给自己定了宏伟的人生目标，以后的工作一定要：位高权重责任轻，睡觉睡到自然醒。如今回想起来：是哪里来的虚妄自信？

那个时候，也观察学校的老师们，发现那些厉害的老师，都有一个共同的特征，那就是：睡得少、活得长。看着这个定律，瞬间觉得自己没有成为伟大学者的潜质，因为要睡的觉太多。

对一个完全不知世事艰难的女学生来说，那个时候，大概万事都不如睡觉重要。如果那个时候，我能预见自己结婚生子以后的睡眠状况，我一定会睡更多一点，把我后面十年没有办法睡的时间，通通睡回来。

从子曰出生的第一天开始，我就没有再睡好过了。我至今记得，麻药退了以后，就是肚子如刀搅般的疼痛。好不容易迷迷糊糊睡去，便被人推醒，孩子要喂奶。喂奶？是什么？

喂奶就是平均 2—3 个小时就要醒来一次的日常行为。醒来，喂奶，睡去，醒来，喂奶……成了孩子的粮仓。

即使因为奶太少，改成奶粉以后，夜里也要起来至少两次冲奶粉。剩下的几次醒来，不是因为她哭泣，就是因为她扭动。再到大一点，就是因为她在满床滚。

妹妹出生以后，有时候妹妹也会加入进来，然后，就是每夜醒十几次，一半被姐姐吵醒，一半被妹妹吵醒。

我跟徐先生说：“我的脑袋里永远有一层雾。”似乎睡了，又似乎没有睡。

每一次出差，都是一次睡眠的十全大补。完整睡眠的机会实在太珍贵了。往往还来不及贪恋，就结束了。

有的时候，我生病了，徐先生就会替我陪孩子睡，只要两个晚上，他就会告诉我：怎么白天这么困？

我翻他两个白眼：你不过是陪睡了一两个晚上，就觉得累。我六年来都是这样，你有没有想过是什么感受？

如果要问，在成为母亲的前六年，我最大的愿望是什么？那就是：请给我一段完整的睡眠。不要打扰我，让我安安静静地睡觉。

后来孩子大一点了，可以自己睡了。我却早已经是一个每天早上自动 5 点醒来的人。看书、码字……然后中午睡半个小时，晚上 11 点多入睡。从十年前的每天睡 12 小时，到十年后的现在每天睡 6 个多小时。我在想，如果当年我有如此勤奋励志，再读下两个博士学位大概也是轻而易举的。

是心灵需要一杯咖啡呀

养成喝咖啡的习惯，是在写博士论文的时候。那个时候，作为穷学生，还没有那么讲究，只能喝速溶的。

在写论文的那半年里，每天早上起来，先看书查资料，中午睡一觉起来，喝一杯咖啡后，就能够在电脑前写下2000—3000字，这样小半年，喝咖啡的习惯就养成了。

后来不写论文，很长时间也不喝咖啡，更爱喝茶。

可是生了孩子，几个月之后，就变得咖啡不离手。

有一段时间，我甚至怀疑，我是不是咖啡成瘾。后来，出差几天，发现自己并不要喝咖啡。才知道，生了孩子以后，一杯咖啡的时间，成了我心灵的第三空间。

子曰出生以后，我把自己很多的兴趣都放下了。学过心理学的我知道，孩子0～6岁几乎影响了孩子的一生。尤其是0～3岁，母亲的充分陪伴，更是至关重要。于是，我尽我所能的陪伴她。

可是，有的时候，我也很痛苦，因为除了是孩子的母亲，我还是一个独立的人，我有自己的思想、自己的情绪、自己的喜怒哀乐……我也想出去和朋友吃吃饭、想和老公看看电影、想漫无目的地在街上逛一逛、想一个人静静地喝杯咖啡……可是这些行为，都不适合带上子曰，我该怎么办？

为了喝咖啡还是陪子曰，我纠结过很久很久。有一天，我自己想明白了。虽然，在有一段时间，我会觉得 She is my whole life。但是难道我三十年前的人生是白费，三十年后的人生只有一种身份？妈妈也要有自己的心灵空间，妈妈也要有自己的社会身份和成就感。在这个拼爹拼娘的时代，除了陪伴以外，我们还能给孩子些什么呢？如果为了专心陪伴孩子，最后自己一事无成，孩子是否会懂得感恩母亲的这些付出？

道理是类似的，你是你，她是她，你们曾经血脉相连，但现在却是两个个体。她有她未来的路，你也不能把自己变得无路可走。如果，因为陪伴孩子，失去了自我的人生价值，将来你会对孩子说：孩子啊，妈妈为你牺牲了……你现在应该……你怎么能这样对我？……只有心理脆弱的母亲，才会把自己所有的希望都寄托在孩子的未来上。强大的母亲才会有强大的孩子。陪伴不等于每一分钟每一刻都和她在一起，而是，你要让她明白，不管她是一个人还是在一个众声喧哗的群体里，妈妈的爱将永远陪伴她，不管她是对是错，是成功是失败，妈妈都永远接纳她。

所以，该陪伴的时候陪伴，该看书的时候看书，想喝咖啡的时候莫纠结。

就这样，长达几年的时间，我每天都会喝一杯或者两杯的咖啡，驱车去咖啡馆的那半个小时，简直是每日鸡零狗碎生活的心灵抚慰呀。原来，不是我的身体需要咖啡，而是我的心灵需要一杯咖啡。每一次，看着咖啡氤氲的香气袅娜在空气中，我觉得自己还记得一点点知识分子的梦想。

关于咖啡馆的执念，后来催生了我的一个创业项目——云初空间。2017 年 6 月，我们推出了云初空间，旨在为妈妈们创造一个除了家庭与工作之外的第三空间。有咖啡、有书、有适合妈妈的课程。遗憾的是，最初妈妈们还是为了孩子而来，我们似乎真的很难从母亲这个角色中解脱出来。但是，云初仍在慢慢做着，等着，我相信，有一天，越来越多的妈妈们会知道。孩子很重要，但他/她们不是我们生命的全部。

是否全职，与爱不爱孩子无关

很多人会问：为什么请阿姨啊，不是可以自己带孩子吗？如果你生了两个孩子还要工作的话，哪有时间陪伴孩子呢？

就像我以前说的一样，我反对去比较别人家的生活。生活是自己的，与他人无关。在这里，想和大家分享的，与具体的生活方式无关，而是我们面对生活的态度。

我从来没有想过要做一个全职的妈妈，除了产假之外，连一个月的全职妈妈都做不下来。而且，无论生老大还是老二，我都没有经历完全劳动法意义上的产假，都是孩子两个月大以后，就开始工作。一来是生活所需，二来是我的心性如此。我爱孩子，但也不想因为孩子就失去自我。在我看来，是否全职妈妈，与爱不爱孩子无关。如果你没有停下工作去专心陪伴孩子，就是不够爱孩子吗？我很反对用这种想法去绑架那些没有办法全职的妈妈。我想说的是，即使我们家的经济足够富裕到我可以完全不工作，我也做不到停下工作去做个全职妈妈。更何况，我们家的经济还需要我的努力参与呢。

工作的意义，绝不止是经济。更大程度上，是自我价值被认可被需要的一种安全感和满足感。我不反对全职，我觉得关键点在于，你喜欢什么，如果你喜欢并享受全职的状态，我觉得就全职好了。

阿姨的存在，分摊了我很多细琐的烦恼。换尿布啊，洗衣服呀，喂饭呀……她在很多细节上比我优秀。如果我可以做一个全职妈妈，我很愿意和大家分享，其实和孩子的亲子关系恰恰就是建立在这些细节中的，每一次换尿布的时候温情地对视啊，每一次喂饭的时候亲切地关注呀……是的，我曾经体会过这种幸福，感觉过每一次换尿布的时候，手温柔地抚摸过孩子感受着内心的震颤：这是多么柔软而可爱的我的孩子呀。这样的感觉，很多次经历过。在阿姨过年回家，我必须阶段性全职的时候，无比真实地感动过我。但是，如果再给我一次选择的机会，我依旧会将这些细节交给阿姨。当然，这些细节会帮助我们和孩子建立亲密关系，但是，我相信，和孩子建立亲密关系，不是只有这一种路径。

陪伴：专注比时间重要

并不是你时时刻刻和她在一起，就是最好的陪伴。这个道理很简单，也许你先生很忙，但你依然觉得很幸福。是因为，你知道，他即使无比忙碌，心里依然有你。如果你需要，他可以随时停下来去倾听你的声音，你的需要。如果你真的需要他，他会放下手上所有重要的事儿，陪伴你，帮助你。这样的安全感需要两个人不断地努力去建立。和孩子的相处之道也一样，你需要让她感受到的，并不是妈妈天天陪着我，而是，如果我真的需要，妈妈就会在。

和孩子在一起的时候，全心全意。去认真倾听孩子的需求，抛开成年人的各种预设，去感受孩子的情绪，用这样的心态陪伴孩子。正像我在整理这段文字的时候，老大一直在旁边，时不时有各种需求，我就停下来，回应她，就是这样。我可以告诉她，妈妈在工作，需要一点专注的时间，你可以自己玩一会儿吗？你同时也要尊重孩子的专注时间不能像大人那么长，你也许需要两个小时不被打扰，她可能坚持了十分钟就觉得非常漫长。我和老大彼此调适着对时间的感受，慢慢找到自己的时间和空间，彼此用这种模式相处了一年多。老二暂时还做不到，她还不明白什么叫做不打扰，还需要调试很长很长的时间呢。如果是老二在身边，我多半要么让阿姨带她出去玩一会儿，要么干脆停下手上的事儿，陪她玩吧。

我们也可以想像另一种场景，你和男朋友一整天都在一起，可是他不停地玩游戏、打电话、发短信……即使 24 小时在一起，你能够感受你对他的不可或缺吗？

孩子的爸爸非常非常地忙，一年工作超过 360 天。几乎没有周末。但是，他无论夫妻关系亲子关系都没有问题。因为，他让我和孩子们都感受到，只要我们需要，他真的可以放下所有的事儿，来陪伴我们。他让我们感受到，我们对他很重要。就是这样，所以，陪伴，和时间长短无关，而在于专注。

多年过去了，我一直都在极度忙碌和想尽一切办法高质量陪伴的状态中。如果我忙碌了一段时间，那么只要一有时间，我就会策划一趟旅行。在这趟旅行里，我就把所有的工作都放开，全心全意地陪伴我的孩子。算下来，一年总有这样四五次的旅行。到 2019 年，我的孩子，一个九岁，一个七岁，对我的陪伴都很满意。

小妹一年级的时候，老师教她们写信。小妹写给我，就几句话："妈妈，谢谢你陪我写作业，谢谢你陪我们去玩儿。我们暑假去哪里玩？"

时间，永远都是不够的，但用好时间，也许，就够呢。

二胎日常

老二：是偶然还是必然？

我们家的老二是计划之内也是意料之外的。还没有生老大之前，我们就希望能够有两个孩子。一来，我们始终觉得一胎化不是人生而存在的权利和本性。二来，作为出生于多子女家庭的我们，也能够在成年的生活中感受到兄弟姐妹所具有的情感力量。所以，我们是计划生老二的。说是意料之外，是她来得比我们计划得早。我们原本计划两个孩子最好能够间隔3～4年，这样在精力上能够相对舒缓一点。对孩子彼此的情感适应也更容易解决。然而，计划永远都没有变化快，老大老二相差两岁四个月，很多措手不及的变化。也就是说，老二出生的时候，我们会遭遇老大因“关注度下降及人生的第一个叛逆期”同时出现所带来的巨大灾难。

这个灾难，就是老大出现了很明显的攻击行为，足足三个多月的时间，我们一家都笼罩在老大暴躁反复的阴影中，更有长达一年多的时间，都在时不时地需要处理老大的情绪问题。当然，即使不生老二，老大的情绪也会遭遇敏感期的特征，出现各种各样的状况，但，相对会好处理很多。好吧，值得庆幸的是，因为要面对这些问题，我在情绪管理这条路上前进了很多，也算是老大带给我的收获。

老大：到底发生了什么？

有人说，对于老大，老二就是“凭空掉下来一个人，把我所有拥有的东西都拿走了一半”。如果，我们能够换位到老大的位置上，我想这种感觉真的很真实。对于孩子来说，物质还是次要的。重要的是爱，父母的爱，会被瞬间分割走不止一半。因为小的那个孩子实在需要照顾。我们家两个都是女儿，还好一些，如果是先女儿，然后儿子的，家里老人家的爱，一定会出现很大的变化。这发生的一切，都是老大身上必然发生的“生命中不可承受之轻”。

如果，大家想体会老大的感觉，不妨想想：你本来是大房太太，可是有一天，未经你的许可，你家先生就带回来个二房太太，并且毫无疑问地分走了本来属于你的大部分时间和爱，你会怎样？你会抓狂吗？你会暗自哭泣吗？你会因为嫉妒到发狂而开始摔东西吗？你会用哭闹的方式来引起他的关注吗？你甚至会以攻击二房的方式来表现不满吗？

我想，你会的。如果你会，那么你可以试着去理解老大因为老二出生以后所表现出的诸多“不正常”嘛。你会怀着无限的爱和悲悯去靠近老大，去安抚她吗？你会想起，她原来是你最深最深的爱，你是如何怀着无限的期望看着她来到这个世界上的吗？

有的妈妈说，我在生之前征求过她的意见。是的，很多妈妈都表示曾经征求过孩子的意见。孩子表示欢迎和同意的，可是等老二生下来，老大就变卦了。

是的，这就犹如我们都是怀着无限的欢喜和期望领了结婚证的，可是结婚以后才知道原来柴米油盐他睡觉打呼噜她喜欢煲电话粥打麻将都是难以忍受的。如果你能够体谅这一点，大约也能体谅孩子为什么会变卦了。一时概念上的同意，又怎么抵消得了每天都需要出让爱的细节折磨?!

老二驾到：生活到底发生了什么变化？

老二驾到，最大的变化就是：时间没有了。就像春晚那首歌，时间去哪儿了？实际上，你有时候根本都没有空去想这个问题，时间就悠忽而逝了。回想老二出生的头两年，究竟发生了什么，其实已经完全想不起来了。不管是纠结痛苦还是快乐欣慰，大多都想不起来。我只是在日常中发现：哦，两个孩子真的一直一直在长大呀。然后，对生活怀有深深的感激和敬畏。所以，想生老二的妈妈们，起码要有个基本的认知。如果想生老二，最好老大已经能够上幼儿园了，或者你家里有很多的人手可以帮忙。如果有的妈妈，觉得反正生完了，我就做我自己的事情，孩子有老人带，想做个甩手的妈妈。那么，恭喜你，你将来一定会体会到什么叫“生命不可承受之重”。

因为老二出生之后，时间没有了的变化，让我在很长一段时间，别人问我生老二是什么感受的时候，我总是做很保守地回答“头两年很累”。真的很累，因为要同时面对老大的情绪变化，老二的亲子关系，隔代教育的矛盾……各种复杂的问题。顾了老大就会对老二有影响，顾了老二，老大又会变化，你想平衡，太难了。

公平是最重要的原则吗？

有一段时间，我确实陷入很焦灼的状态，我很恐惧自己偏心。因为从理智上知道，要想老大老二关系好，在某段时间里必须多顾虑老大的情绪，多陪伴老大。但是又担心因为多照顾老大，和老二相处的时间不够，自己的情感天平会偏向老大。实际上，我有时候确实是个焦虑的妈，或者说是个有自省意识的妈。有一段时间，我不停地向我们家的阿姨求证：“我有偏心吗？”在得到否定回答的时候，我才长长舒了一口气。

最难的是在两个孩子争执时候的判定上，因为赢的那个一定是开心的，输的那个一定会觉得判定者是有偏向的。这种时候的状态最难处理。

自从生了老二，我们家的阿姨主要带老二，我带老大。有一段时间，特别是孩子一岁多的时候，老二明显在需求上更倾向于阿姨。那一段是我最焦灼的日子，所以，在规则判定的时候，会因为心里内疚而偏向老二，老大就会气得哇哇大哭。实际上，我自己的内心也受双重折磨，一来总觉得陪老二没有老大多，心里内疚，想补偿；二来又担心老大不明白这些原因，觉得妈妈有偏向。这种痛苦直到阿姨过年回家快一个月，我自己同时带着两个孩子以后，发现和老二亲子关系没有问题，才得到缓解。

随着孩子慢慢长大，我渐渐明白，养育孩子，不存在公平不公平，只要记得我们要给每一个孩子独一无二的爱就好了。两个孩子的性格是完全不同的，用和孩子彼此合适的方式相处就好了。所以，从爱上来讲，每个孩子都是独生子。不去比较孩子的优劣好坏，而去理解欣赏她们的不同，这样的心态就好了。两个孩子都会很幸福。

经过多年的战斗经验，我的两个孩子已经相处很好。有一次，我问姐姐："你觉得，妈妈做什么，你会感觉到妈妈的爱。"姐姐说："陪我。"我又掉头去问妹妹："你觉得妈妈做什么，你会觉得妈妈是爱你的。"妹妹说："陪我。还有就是，站在我这一边。"她的意思是，她和姐姐争执的时候，我能够站在她这一边。孩子是多么的通透啊。

想起另一个有趣的细节。有一段时间，我学会了分别灌"迷魂汤"的方法。就是，和姐姐在一起的时候，对姐姐说："姐姐，妈妈爱你。妈妈非常爱你。"姐姐就笑纳了。和妹妹在一起的时候，对妹妹说："妹妹，妈妈爱你，非常爱你。"在6

岁之前，这个招术是非常管用的。可是 6 岁的一天，妹妹很认真地问我："妈妈，你爱我还是爱姐姐？"哇，这真是让我很为难。我沉吟了很久，看了一下姐姐不在附近，我就壮着胆子说："爱你。"没想到，妹妹跟我说："你当着姐姐的面说。"额……差点暴走。孩子长大了，让人猝不及防又如此有趣。

老二：那些因为你存在才有的幸福

应该说，我是很幸运的。老二从出生就很好带，用家人的话说，这个孩子就是个广告片，用来告诉人家，生老二是一点都不麻烦的。她作息规律，月子一出晚间就一顿奶。从小爱笑，很少哭闹。就是那种哄得住老的、留得住阿姨的孩子。

老二出生以后，有几个幸福是无法用语言表达的。最大的幸福，就是我从带一个孩子的焦虑中解放了出来。只有一个孩子的时候，我经过了很多焦虑，早教只是其中一个而已。可是，真的很奇怪，老二出生以后，所有的这些焦虑就消逝了，无影无踪。别以为是境界提高了，而是，根本没有时间。

如果你觉得生一个孩子很累，那么让你觉得生一个孩子很幸福的最好办法，就是再去生一个。你就会知道，只有一个孩子的时候，生活是如何的简单。有一次，姐姐去亲戚家玩了，家里剩下我、外公、阿姨和老二。我忽然觉得家里真是安静极了。可是，我想起只有姐姐一个孩子的时候，同样是这些人数配置，我依旧觉得忙碌焦灼无比。好吧，你们发现了吗？带孩子的能力变强了呢。

老大老二的幸福，除了来自父母的关爱，更多的是来自她们姐妹之间。如果去幼儿园接姐姐的时候带着妹妹，姐姐就会特别高兴。或者姐姐每天放学回来，妹妹就会又蹦又跳。也或者，每天早上妹妹叫姐姐起床是用这样的萌态："姐姐起床啦，妹妹爱你。"真的，作为妈妈的内心，会细软甜蜜得稀里哗啦。

我家的姐姐妹妹，就像大部分有两个孩子的家庭一样，时不时就会互相打一下，掐一下，争一下……可是，这一点都不妨碍她们成为了这个世界上，最亲密的一对存在。

后来，孩子渐渐大一点，尤其是上了小学以后，因为工作的关系，我和她们爸爸变得越来越忙，有的时候甚至大部分周末的时间都在工作，她们就成了彼此陪伴最好的朋友。尤其两个小姐妹选择一起睡的时候，看着并排躺着，熟睡的她们，有时候双脚互相叠到对方的身上，依然还是呼呼地睡着，就觉得，拥有两个女儿，真是太好了呀。每当这样的时候，就会非常庆幸当年的决定。

钱很重要，但不是最重要的

我记得当我告诉一个在北京的朋友，我要生老二的时候，北京的朋友跟我说，他们现在流行一句话：比拼财力不再看你有几套房子，而是看你有几个孩子。可见，按照现下的状况，能否多生一个孩子对经济的依赖程度有多高。身边很多朋友在犹豫生不生老二的一个最核心的因素，也是经济。

前些年，上海做了一个统计数据，意思是养孩子到大学毕业，平均花费49万，那个时候，这个数字让很多人都肉痛到腿筋发抖。其实，现在算下来，这个数字并不可怕。按照孩子成年大学毕业23岁算，一年2万（其实何止呀），就要46万了，这里还不包括钱产生利息的部分。其实，现在城市里养一个孩子，一年2万又哪里够呢？这样的年均，孩子还只能上普通的私立幼儿园，小学以后上兴趣班还得掐着手指考虑什么价位才比较好呢。

两个孩子必然意味着两倍的成本。其实，真正可以重复使用的东西并不多。母乳妈妈头两年也许还好些，像我这种没有什么母乳的妈妈，奶粉钱除了再花一次，又有什么别的办法呢？

有人说，你生了两个女儿，衣服上总会好一些吧。事实的情况是，一岁半以前或许还可以将就着穿穿。可是老二大一点了，也是期待新衣服的呀，你又怎么忍心不停地给老大买新衣服，然后却让妹妹每次都在失望失落中黯然呢？对成年人来讲，这是最现实最经济实惠的考虑，可是对孩子来讲却是实实在在爱的打折扣。

我记得今年过年，我给两个孩子都买了新衣服，妹妹每次如果自己挑衣服，都会挑那件新的，然后说：“妈妈买的，好漂亮。”然后无比欢喜地穿着摇摇摆摆。

有的时候，我们翻出姐姐很久以前的衣服，给她穿，然后告诉她是新的，她却会说：“是姐姐的。”所以，我自己内心是暗暗下着以后买衣服一定要每个孩子买一件的决心的。姐姐以前的衣服可以穿，可是妹妹也一定要有很多自己的新衣服，这样想，才能避免自己对老二产生深深的心疼。好吧，就当我是个矫情的妈妈吧。

唯一能够重复利用的大概就是玩具和绘本了。但是，随着孩子长大，又要买新的玩具，一次一个是不可以的，最好一人一个。可能有的妈妈觉得，没必要吧，两个孩子可以一起玩呀，不能一起玩的话，是妈妈的教育方法有问题吧……事实的情况是，孩子是有物权敏感期的，在2～4岁，甚至到5岁以前，孩子其实倾向于独属于自己的东西。这是我的，这是妹妹的。妹妹要玩我的玩具要征求我的同意，同样的，我要玩妹妹的玩具，也需要询问她的意见。我不太知道，别人家的老大老二如何共享，至少我们，并不强迫孩子共享。我们会建议，但不会强迫，我觉得这是孩子自己的相处之道。

老二驾到，如果不意味着双重成本，至少也是增加了80%的成本，绝不仅仅是锅里多添一把米，桌上多加一双筷子这么简单的事儿。

然而，或许这才是我真正想说的话，我们知道，有个词叫“丰俭自足”，生活其实是很个人的事，别人家的事儿永远是别人家的。我自己就出生于多子女家庭，小的时候经济也不富裕，可我并不觉得受过多大的委屈。一直也受着很好的教育，尽管到结婚的时候，我只有一摞毕业证书可以作为嫁妆。我并没有羡慕过那些可以啃老的同学或朋友，因为自立自足并且现在可以照顾到父母，我觉得是很幸福的事儿。所以，我想说的是，传递给我们的孩子，正确的三观吧。金钱观也是很重要的一个。多生一个孩子意味着多加很多成本，但你并不是冲着成本去生孩子的。家里财力丰厚固然是好的，但是，哪怕是很普通的家庭，也是可以拥有多子女的福气的。

想清楚自己为什么要生老二呀，剩下的困难，慢慢地学会去克服。这是我们作为父母，可以给孩子最好的财富。用行动告诉给我们的孩子，正是因为有了你们的爱，爸爸妈妈变得更加坚强，更有担当。如果能够做到这些，我想，孩子就会很幸福的吧。

所以说，生老二，钱是很重要的，但却不是最重要的。

有人问，那么最重要的是什么呢？我觉得，最重要的，是那一颗欢迎着老二到来的欢喜心吧。尽管，有一段时间我自己时间变少了，曾经困惑老二出生以后的生活，但喜爱老二的心却从来没有任何变化过。我想，也正是因为这样，我们家的老二，能够一直以一种“开心果”的状态无压力地生活着。

人手：从某种程度上也跟经济有关

其实，老二驾到，最困扰人的是带孩子的人手问题。孩子的需求就像一个无底的黑洞，多少都不够的。老二出生后，老大并不会像你所希望的那样，变成天使，在某一段时间，她甚至会一直都是魔鬼的代名词。本来一个人可以搞定的，却需要两个人才能解决了。

别人家的事儿，我不太清楚，反正我们家的姐姐是魔鬼了一段时间的。妹妹刚出生的时候好像还好，到了两个月左右的时候，好像忽然明白过来到底发生了什么事，开始了情绪的大爆发，咬人、踢人、打人，随意哭闹。曾经连着三个月，每天早上起来，都要大声哭泣。每当这个时候，家里人就一副“糟糕了，警报又响了”的表情，整个家都很焦灼。尽管后来都过去了，可是，现在回头想起来，姐姐那时候真的很痛苦吧。因为太小，其实才两岁半，伤心的情感表达不出来，只能哭闹，可是哭闹又被视为不懂事的表现，被禁止，严重的时候还会被呵斥。我想二胎妈妈都感受过，两边照顾不过来然后自己大哭一场的状态吧。

话说回来，人手是问题，也不是问题。我们小区同一栋楼的三家邻居，也分别先后生了老二，年龄也都差不多，但是A家一直没有找到合适的保姆，B家是父母上班，奶奶一个人带两个，C家是没有老人帮忙，妈妈一个人带着两个孩子。日子一样过得好好的。只不过，有时候不像人手多，带的精细，孩子摔个跤碰个头是家常便饭罢了。而且，我观察过，人手少的家庭，孩子的独立性更好呢。出门也不需要什么人陪着，自己在公园逛逛也是很随意的。

所以，谁知道呢，都是利弊罢了。富养的孩子娇贵精细，穷养的孩子独立坚毅，每一家的情况不一样，依旧是“丰俭随意”的事儿呀。

生儿育女的头两年，大多还是这些鸡零狗碎的日常，属于生活里的小打小闹。关于孩子真正的战役，大多都是在 3 岁以后打起的。因为，从那一天开始，孩子要受教育了。教育才是中国母亲真正的生死战。为了孩子教育不顾一切的妈妈比比皆是，中国当代教育史，简直就是中国母亲血泪的陪读史。但即使战役如此惨烈，依旧无法阻挡中国母亲献祭式的一代又一代地扛着“一切为了孩子”的旗帜，前赴后继。

我故意忘掉我在不久前强烈感受到的一切：事实上，我难以忍受。我对世界充满无止境的欲望，凡事我都感兴趣，我渴望做回当母亲前的那个自己，那个回不去的自己；我渴望获得自由，生孩子前我也许有过却没有珍惜的自由。于我而言，母性是一座与外部世界隔离开来的围城，我总在谋划从里面逃出来。……几乎无法对外界解释做母亲的体验。做母亲时，女性放弃了自己的公众价值，以换取一系列私人意义。

——蕾切尔·卡斯克：《成为母亲》

第三章
窗边的小豆豆：从花学园到云可

云上按：这一章，收录的是创办“一朵花三朵云”这八年中，从博客时代到微博时代再到公众号时代实时记录的文字，几乎没有做什么修改。就是希望，大家通过这一章节，看到我们清晰的成长历程。在这个历程中，我几乎写下了将近 30 万字的文章，但收录进来的，只是最核心过程的一些文字。

花学园

花学园 1 号故事：不放弃就是最好的坚持

2014－07－03

起——起于蒙氏

2011 年 5 月，子曰一岁三，咿呀开始学语，我开始为她考虑幼儿园。我在看《窗边的小豆豆》。

惊觉，原来世界上有一种这样的教育，孩子一天的节奏是她自己决定的，可以上课、可以不上课，可以随时从哪一个课程开始。世界上，有一种这样的老师，他愿意倾听孩子说话，每一个孩子都是美好而不同的。世界上，有一所这样的学校，电车是教室，自然是课堂，食物是山的味道、海的味道……

作为一个妈妈，我希望我的孩子拥有这样的教育，但是，遍寻不到。

2011 年 8 月，我决定做一个家庭园，名字没有想好。2011 年 8 月 8 日，我看到一本书，于是，取名“花学园”。

> 2011 年 8 月 8 日
>
> 女人成了母亲，花儿就成了树。
>
> 所有的付出，都变得，心甘情愿。

每一个母亲，或者，每一位家长，都是一棵树。

每一个孩子，都是一朵花。

为了花儿的成长，我们都愿意，做那棵一直在付出的爱心树。

——花学园新浪博客

没有模式，不知从何做起，看了孙瑞雪老师的《爱和自由》，觉得不错，就启程去广州学习。带上了我的第一个老师——晓晓老师。那个时候，学校还没有，地址还没选好。什么都没有，只有一颗想给孩子一个世界的心。所以，我常常说，花学园缘起于蒙氏。

2011 年 9 月 13 日

即使理想还没有真正开始，却仍然可以预见到误解、不解以及辩解，等等。想来，只能用这句话来坚定一条崎岖蜿蜒的路——在喧哗中坚持理想。坚持寻找自己认为理想的教育方式。简单记。

——花学园新浪博客

花学园才刚开始，我隐隐预见着困难，但是，我不知道困难是什么。困难从来都不是突然来的，而是一点一点地去消磨你的理想。没想到，第一个困难竟然来自我自己。2011 年 9 月，我发现自己又怀孕了。纠结挣扎了三天，决定，留下孩子，继续花学园。

最初的花学园1号，毛胚得不能再毛胚。

尽管最初召集的时候，有将近20个家庭对花学园感兴趣，但等到花学园真正装修完毕，投入运营的时候，却只有一个老师三个孩子（其中两个是股东的孩子）。

2011年12月5日，花学园的第一天，只有一个老师，一个孩子。那个老师叫晓晓；那个孩子，叫子曰。

承——分分合合

有句话说，理想很丰满，现实很骨感。花学园1号差不多也是如此，拍手叫好者多，真正响应者少，能够坚持者，更是罕若流星。最初的花学园，保持着一个老师三个孩子，每日半天的节奏。

《与往事干杯》

2012年2月13日　星期一　晴

今天是值得纪念的，我向学校递了正式的辞职报告。改完上个学期学生补考的最后一份卷子，签上大名，交接工作算是完成了。“挥一挥衣袖，不带走一片云彩。”

晚上，子曰爸爸很正式地请我在酒店吃饭，一为提前庆祝情人节，二为这一个辞职的纪念。过道里，短信响起，收到学院最后一个月的工资，真是最好的结束。我跟子曰爸说：还是我请你吃饭吧，咱今天有钱。

偌大的包厢里，只有水晶灯和我们两个，我问他：这顿饭算是庆祝我得到解放还是安慰我失去职业？

他说："每一次重大的变革都意味着更好的机会。"

原来，解读同一件事，真的可以有两种完全不同的角度。

花了十年的时间，准备去成为一名大学老师，又花了五年多的时间去努力地成为一名好的大学老师。可是，今天，一张纸，了了几字，人生最美的十五年，尽付流水。他以为我很痛苦、不舍，我却告诉他：

当我们为一个利益的轻重权衡不下的时候，就站在一个更高的平台上去观看它，你会发现，曾经大如天，其实也不过细如微尘。当我们为一时的选择徘徊纠结的时候，就站在一个更长的时间维度里去审视它，你会发现，即使再痛苦，回头看，也不过一个模糊的记忆。

想起几句箴言。

我问佛：世间为何有那么多遗憾？

佛曰：这是一个婆娑世界，婆娑即遗憾，没有遗憾，给你再多幸福也不会体会快乐。

能做决定的时候，问自己的脑子；无法做决定的时候，问自己的心。当我问心，微有遗憾，却无悔意。于是，放下块垒，举头望明月，与往事干杯。

但愿从今以后，皆能学会及时放下，从心所愿，快乐生活。

——花学园新浪博客

2012年春节，股东意见不合，退出，又少了一个学员。剩下一个老师两个孩子。

2012年3月，为了老二，去国怀乡，飞机落地的那一刻，所有的纠结困惑，释然放下，学历、职业、地位、身份……在异域他乡，都是身外物，一个人在这个世界上真正需要的是无论在哪里都可以生存下去的能力。这段日子，晓晓老师和三个孩子（春节以后，又来了一个孩子），保持着每日半天的节奏，等着我回来。独自一个人，等着孕育的日子，想着，回去以后，不会只剩子曰一个孩子了吧？

转——你是我最好的童年

2012年7月，我携老二归来，花学园果然只能用四个字形容——百废待兴。一个老师，两个孩子。暑假的时候，又有一个孩子无声地退出了，选择了当时当地新兴的教育形式——华德福。

这一年的暑假，是我一生中最混乱的暑假。我必须同时面对两个难题：1. 生了老二以后，子曰的情绪问题。2. 花学园何去何从的问题，是继续，还是关闭？

《妈妈，请让我慢慢长大》

2012年8月9日　星期四　晴

我是子曰，最近我的心情很不好。

我曾经觉得，我的妈妈就是我的妈妈，可是有一天，她消失了，我只能在电脑的小框框里看到她。过了很久很久，她回来了，带回来一个小妹妹。从此，她不再是我一个人的妈妈。我想她给我讲故事，可是妹妹哭了，妈妈要给妹妹喂奶。一喂就是很长时间。我想她陪我玩，可是妹妹又哭了，她又忙着照顾妹妹。她不再像过去那么耐心。她对我的声音越来越大，她开始对我生气，没有妹妹以前，她从来没有对我生过气。

她回来以后，花学园来了一些小朋友，我很开心，但是他们玩我的玩具，我不同意。每当这个时候，妈妈总是让我把玩具拿来分享。我不明白为什么我的东西，一定要拿来分享，妈妈变得好像不是妈妈。

妈妈好像很忙，虽然她陪着我，但我感觉到她似乎心不在焉，她经常接很多电话，似乎要处理很多事情；虽然她对我微笑，但我感觉到她心里很焦虑。她虽然陪着我，但我感觉她似乎随时要离开。

妈妈为什么变得和以前不一样，我真的不明白。

大家都在夸小妹妹乖，是我不乖了吗？他们都不爱我了吗？是不是我乖他们才爱我，如果我不乖，他们就会不爱我？我不明白。

妈妈，请让我慢慢长大，可以吗？我还小，大人的感情我不懂，大人的大事我也不懂，我不需要你为我办一所学校，我只想妈妈多多地陪陪我，多多地抱抱我。

——花学园新浪博客

那段日子，真可谓是悲愁煎迫，身心受苦。2012 年 7 月至 8 月，开了三次家庭会议，准备放弃花学园。一是家庭压力，两个孩子这么小，精力根本顾不过来；二是经济压力，长期只有两到三个孩子，完全处于亏损状态；三是精神压力，花学园究竟定位哪一种模式？蒙氏还是华德福？向左走还是向右走？2013 年 8 月，为花学园在学的三个孩子选好去路之后，决定关闭花学园。我不记得，做完这个决定以后是否泪流满面，也许只觉得浑身轻松。

我忽然想起一个朋友说的故事。全民炒股的那几年，有一个朋友用 20 万投到股市，最好的时候涨到 100 万，没有卖，然后一路下滑，跌到 50 万，还舍不得卖，以为会翻盘，没想到，一直跌一直跌，最后跌到 20 万，实在扛不住了，卖了。卖了当晚，心情一片豁然，轻松无比。没想到，卖掉的第二天，股票就开始涨了。

故事真假不可考，带着诙谐的巧合。可当我正式决定关闭花学园的那一刹那，心里真的轻松了。理想在云端之上，现实在尘埃之下。背负理想，是一件痛苦的事儿；背负别人的理想，是一座无比沉重的大山。

那一夜，我对子曰爸爸说：我决定结束花学园。从花学园创建到投入运营，只去过两次的他忽然说：不能放弃，再给你一笔钱，坚持下去。我愕然。一直以来，我觉得他不懂我的教育理念，往往总是我说A，他谈B，鸡同鸭讲，虽然对我有求必应，但在花学园一事上，向来模棱两可。今天为什么如此坚持？他说，自己喜欢的事，再难都要坚持。比理想更可贵的是坚持，每个人都有理想，但并不是每个人都可以坚持。

至今，我仍然感谢他在我最艰难的时候选择了最实际有效的支持——给钱。理想是需要经济支撑的，教育理想更是如此。没有面包的爱情，是苍白空洞的爱情，理想也是如此。

《花学园来了新老师》

2012年8月21日　星期二　晴

今天，花学园来了新成员——小祝老师。

一个人的表演是单口，两个人的对话是相声，三个人，情节就丰富多了，可以演小品了。子曰：三人行，必有我师焉。择其善者而从之，其不善者而改之。我们彼此汲取力量，共同滋养花园里的花朵。

——花学园新浪博客

2012年8月到2013年1月，大概算是花学园最好的日子，一个园长，两个老师，三个孩子。被足足的爱和关注包围。2012年9月，是安静却美好的9月，花学园不再执着于蒙氏还是华德福，我们在悄悄走着自己的路。这段时光，让人感动的是一段在记忆中注定被遗忘，但在感觉中必然留有痕迹的友谊。

认真学筷子，开心玩沙子，唱唱跳跳：每一张表情都欢欣自然，无需任何修饰和点缀。童年的伙伴呀，时光被定格在这样的笑颜中。岁月不可再，似水流年，你是我最好的童年。

《你是一条河》

2012年10月30日　星期二　雨

花学园里，孩子和老师们都各自找到了自己的节奏和感觉，愈见平和喜乐。看着老师们写的周记，发现，其实，老师在和孩子相处的过程中完善了自我也突破了自我。这就是这种教育模式的魅力，我现在还没有办法给它一个合适的命名，只能说，在这个过程中，成长的绝不仅是孩子。往往能在孩子的身上照见我们过去的残缺不全。爱孩子也是需要学习的，很少有人天生懂得爱孩子。需要培训，有时候需要磨砺。

——花学园新浪博客

合——命中注定

其实，最开始，我没有想过它有可能成长为一种独立的教育方式。可是，慢慢的，它变成了我的生活，或者说使命。不是有一句很流行的话吗？不是你找到了你的使命，而是你的使命找到了你。

尽管后来，我们又遭遇了晓晓老师怀孕、小祝老师回老家，因而要更换老师的困难。然而，再多的难也不过变成了一个个可以克服的事件，花学园，终于以不会再回头的方式，走向自己的命定之路。花学园宝宝3号、4号、5号、6号……在好奇中来，在希望中来，在不屈于现实中慢慢来到了。花学园终于变成了一个园。

《爱到什么时候，爱到天长地久》

2013年5月19日　星期天　大雨

福州入夏了。每到傍晚的时候，总是来一场倾盆大雨。每当这个时候，我在家里，就会觉得幸福，因为风雨不会伤害到我。

父母，或许就是孩子的屋檐，在风雨交加的时候，叫人想起来，都觉得心中温暖踏实。

最近车上莫名的一个唱片，一个中音，近乎声嘶力竭地唱："爱到什么时候，爱到天长地久……"写这一篇博客的时候，脑子里回响的就是这个旋律。

正如，我对孩子。

别问我，两个孩子，是什么感受，苦乐参半，自己经历了才会明白。

至于花学园，各种悬险中终于坚持下来的美丽，像悬崖上俏开的无名小花，自有一种风骨。为家长们和自己的勇气喝彩吧。多年以后，我们想起这种相聚，是爱的旅途上，一场携手并行的欢宴。

——花学园新浪博客

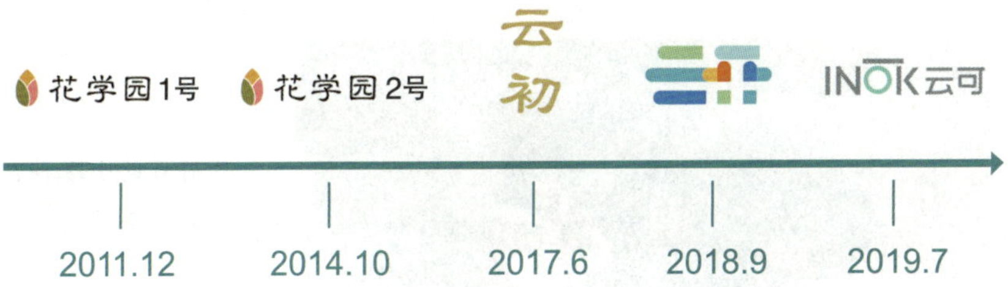

2011年12月

花学园创立

母亲的英雄之旅

从此开始……

和你一起读书，
是世间最快乐的事

花学园1号
绘本时光

你好奇的小眼神，
发着最亮的光，
仿佛天上的星

花学园1号
绘本时光

在大树下许下童年
要快乐的诺言，让
自然为你做见证

花学园户外自然课

沙池、小木屋、
滑梯、舞台……
滚动着每一日的欢声笑语

花学园2号操场

花学园

把青青的绿，
温暖的阳光，
带进你们的童年，
宽宽的走廊，
让你们成为奔跑的生灵

1 花学园螺洲园走廊

2 花学园螺洲园教室

3 花学园2号走廊

4 花学园2号教室

1	
2	3
	4

花学园螺洲园外景

花学园2号三周年年庆

以学习者为中心　父母也是学习者

用诗意构筑
父母心灵的栖息地

云初成长学院夜景

跑道和天空一样蓝

走廊宽宽大大

想告诉你们

童年里有自由舒展的味道

云开螺洲学校

下雨和烈日下
同样美好的学校生活

云开螺洲学校晴雨廊

曾经走过的美好　眼睛会留下记忆

世界上最小的学校　却是你们心目中最美的天台花园

云开天台学校（披萨花园）

童年里就藏着诗和远方
不必等到长大

春天
云开的孩子们
最喜欢上的实践课
开始啦

云开天台学校综合实践课

INOK云可

童年真正需要的是
自由的天与地
简洁的色彩
少即是多

云可花渡营地学校：
是为孩子建造的百草园，
让城市孩子深入体验自然，
爱上自然

离开爸妈
和小伙伴在一起
久违的露天电影
永不过时的影子游戏
告诉我，
你们会记得
提醒我们，
把童年还给孩子

花学园 2 号故事：为了爱和信任

2014-07-03

花学园 1 号：向左走，还是向右走

2014 年将来未来之际，除了子曰之言反反复复拉肚子呕吐了一个月，阿姨过年要回家一个月让我差点血压升高之外，一切过得还算可心。老大上花学园，老二渐渐长大，一岁半，咿里哇啦，很招人喜欢。花学园 1 号有稳定可心的老师，学生十个左右，维持没有问题。自己的工作发展得还算顺利，可谓“位高权重责任轻，睡觉睡到自然醒”。班可上可不上，想上就上，想不上就找朋友喝咖啡。前庭后院下午茶的人生理想，虽然前半句还没有实现，后半句倒是差不多了。一切麻痹得我舒舒服服，实在不想改变。所以，当 2 号的梦想突如其来的时候，我第一个想到的念头，竟然是逃避。

《有时候，我就是个神经病》

2014 年 1 月 10 日

有时候我觉得自己就是有毛病，忙的时候想清闲，最近因为身体欠佳终于清闲点了，又蠢蠢欲动，琢磨花学园

升级的事儿。在理想和现实间纠结了。我就是个神经病，所有的事儿都是我自找的折腾出来的，以后不用同情我了。

——云上新浪微博

《我就是纠结想做又怕繁琐》

2014年1月11日

老徐出差回来，我跟他说了花学园升级纠结的事。他说了三句话：1. 这事可以做；2. 你指挥别人做；3. 留够时间你跟朋友吃饭喝咖啡。大神呐，精辟呀，崇拜。我就是这个意思，我就是纠结想做怕繁琐。他说："我还不知道你？"我……重新认识我自己。

——云上新浪微博

在我寻求花学园的理想之路的过程中，不少人说我高大上，也有很多人佩服我有理想，有行动力。翻出过去的微博，我想说，其实，凡是高大上的理想，必定是很难持久的，因为它需要每天很大的动念，而这是不容易坚持的。人生不可能永远处于高潮状态。花学园发愿微小，最初并没有想改变什么教育现状的伟大理想。只是一个妈妈，为了给孩子的爱和为了自己的一个小小梦想。所以，其实，它并不是一件很难的事。

很多参观过1号的妈妈，最后总是说，孩子生下来的时候，我也想过找几个妈妈，做一个这样的家庭园呢，就为了自己读书，但是我们没有做出来，我们没有这样的勇气。其实，跟勇气无关，有的时候缺的只是那么一点行动力。

我记得，有个数据说，100 个人有 90 个人想开咖啡馆，然后又只有 5 个人开了，最终只有 1 个人赚钱。家庭园的梦想，大概也跟咖啡馆差不多。

升级：为了爱和感谢

因为太纠结了，所以，有一天，我在 1 号足足呆了半天。因为我孩子在园，怕孩子混淆妈妈和老师的关系，所以，我一般很少呆在花学园。老师的培训或者沟通也一般避开孩子。

那一天，我记得，我看着孩子们，尤其是 1 号最早的那四五个孩子，一天的节奏自然流淌，搬起这个放下那个，似乎都有自己的时间和自己的安排。读故事、做游戏、争争吵吵，就像一个家一样。我就想着，这些孩子多好呀，多好呀。爱自己也爱别人，自由而又灵动。他们就是最最普通的孩子，天赋没有什么特别了不起的地方，但他们，就是像孩子一样的孩子。想上课就想上课，不想上课就自己玩。自己的事情自己做，需要什么就找老师帮忙。来来去去，行行卧卧，如空气和水一般自然。

真的，那一刻，我觉得花学园的孩子就是很自然的孩子，不刻意、不刻板。我从来没有像那一刻那么感谢我的老师，尽管，在我的内心，我一直都对老师心存感激，然而这种感激，更多地是来源于她们对这种教育模式的信任。但是那一刻，我内心的感激，交织着一个母亲和一个所谓园长（其实，别人一叫我园长，我就紧张的，我从来没有园长的自觉）的混合感受。作为园长，我觉得，尽管花学园 1 号还有很多不完美，但，最起码，一些大方向的原则还是坚持着，比如爱、自由、规则、平等、尊重啊这些。尤其是爱，我才明白，其实爱，是容易的。作为家长，看着子曰以最平静的节奏成长着，不超前、不落后、不盲从、不犹豫……我想没有什么能够比这个更让我感到欣喜安慰。

忽然，心里就踏实了，升级吧。哪怕只为了最初的这几个孩子，为了他们的成长，为了家长们对我的信任，也为了老师们的努力。

> 2014 年 2 月 12 日即将入夜，等着带孩子们去看花灯。尽管很冷，但明后天都是雨，一年就一次，错过了，对孩子有些可惜。园里几个等待家长的孩子嘻嘻闹闹，看着好窝心，他们都是花学园的元老，都是满一年以上的学员了。正像观园的很多家长老师们描述的一样，他们呈现完全无压力的自在。我为自己曾经为此做过努力感到骄傲。
>
> ——云上新浪微博

希望是别人的，压力却只有自己知道

很多时候，想是容易的，做决定也是不难的，但做起来，就很难。真正开始决定升级了，就有很多问题，场地呢？资金呢？生源呢？师资呢？规模呢？可支撑的理论系统呢？……家庭园，只不过是一个妈妈的梦想，可以想开始就开始，万一不理想，即使结束也不那么难。那么升级的花学园，就不仅仅是一个人的梦想，甚至在某种程度上成为了一群人的梦想。一叶扁舟，畅行江湖容易，一艘大船，乘风破浪就需要很多天时地利人和。

2014 年 3 月 14 日

2 号场地合同今天签订，平面也基本确定，历时近两个月。反复修改调整方案。真正的困难才刚刚开始，从现在起分分秒秒都是钱。今天，签约前，赶紧逛街买了几件衣服，担心工程一启动，连买衣服的钱都没了。压力与希望总是同在，然而希望是大家的，压力却只有自己知道。

——云上新浪微博

2014 年 3 月 15 日

没有人告诉我接下来该怎么做，把一张纸上的东西立起来何其难。有时候会陷入一个人的焦虑，但我知道，这就是通向理想的代价。伴随疼痛、困惑、不平、喜悦……各种丰富的情感。

——云上新浪微博

一边是花学园的升级，另一边花学园1号的工作还要继续，家里的两个孩子，一个四岁，一个两岁不到……做过妈的都懂得。我再一次和我的工作，挥手告别。其实，当初彷徨不下，也和工作有关。我知道，我的工作如同我的家庭一样需要我。如果说，原来的大学教职对我来说，就是一块鸡肋，舍弃了也不过是一时怅惘。后来的工作，却交织着爱、牺牲、守得云开见月明等很多复杂的情感。

最终，为了孩子和梦想，对徐先生说"对不起"，这个在爱我和爱孩子这件事上，从来有求必应的男人。我常常想，没有他，就没有花学园。从最初的1号，到后来的2号，也许以后还会有3号，如果不是他精神和物质上双重支持，一切无从谈起。今天，写在这里，是提醒自己，不要因为哪一天的虚妄和虚荣，以为一切都是自己的因果。我相信，花学园一定会走得久远，是因为，有太多的爱交织在一起。这些很朴素，每一个家庭都在发生，常常被忽略，但呈现出力量的时候却锐不可当的东西，是花学园的热血土壤。

云初

云初

云上：云初空间是个很特殊的存在，最初创办它，有两个原因。一，孩子们要上小学了，但是我们还没有找到小学的正式场地，需要一个过渡场所；二，我一直想成立一个父母的成长学院，帮助父母克服自己在成为父母过程中的焦虑和困惑。所以，云初空间最初呈现的样子就是一分为二的，一部分是小学部，一部分是以书店和咖啡馆形式存在的父母学校。

不想过被焦虑打败的人生

2017-06-08

一

每隔一段时间，我都会问自己一些问题：

我来到这个世界的意义是什么？

作为一个独立的个体生命，世界因为我的存在，有什么改变？

这个世界因为我的到来，有没有变得更加美好？

听起来，似乎都是很高大上的问题，事实上只是关于生存意义的……

每一个人的焦虑都不同。

读大学的时候，盛行解构主义，男生们探讨完存在的意义，又开始探讨存在的虚无，一副很高深的样子。可是，那个时候，我的日子很好过，风花雪月，逃课，混图书馆，觉得这些奇怪的问题，有什么好想的吗？好好过日子不好吗？当时有个特别高深的闺蜜也对我说了一句很严肃的话：

幸福是一种平庸的状态。

真的是这样吗？这个问题困扰我很多年。

多年以后，结婚生子，找工作，买房子，养孩子。工作来得容易——一个旱涝保收、吃不饱饿不死的大学老师的教职，一周上班一天，休息六天，很多人很羡慕。

可是，我焦虑。

彼时上海的房价还不高，但也不是一个博士刚毕业的小老师可以买得起的。而且，大学生活也不是象牙塔，评职称、上新课、莫名其妙的行政工作……其实也是一地鸡毛。

加上认识了在异地工作的徐先生，思来想去就把工作辞了，过起了一周上班六天、休息一天的生活。开始，很不习惯，因为多年的校园生活已经养成了每天睡一半醒一半的懒散，可是企业生活准点准时，迎来送往，压力 10 倍+ 。我想如果不是当时年轻，也许真的坚持不过来。

所以，有一次，看连岳的《不是狠中年，不做少女梦》，特别认同。年轻的时候身体好，所有的疲累，睡一夜就好了。可是现在不行，累着了，三天也缓不回来。

可是，慢慢也习惯了，忽然有一天，我发现没什么事可做的时候，反而不习惯了。

至今感谢自己当时破釜沉舟似的辞职，治好了一身的懒病，不然，不敢想象今天。

二

有了孩子以后，更加焦虑。一岁半的时候，就开始找幼儿园。可是，找不到合适的，都快焦虑死了。

就想找一个，老师对孩子温柔，懂得孩子心理发展的基本过程，尊重每一个孩子的不同，可以让孩子多一点户外活动的学校。说白了，6岁以前，我就希望孩子混个身心健康、家庭社会关系良好。

这大概也是后来做花学园特别强调情绪管理和自然教育的心理基础。

至于各种智能的发展，在我看来，“起跑线”的说法远没有“终身学习”的目标靠谱。说真的，人生很长，慢慢来，对于大部分人来说，熬得住比跑得快更容易成事。年少成名者少，大器晚成者多。

可惜的是，我没有找到这样的学校，因为大众很焦虑：提前认知，提前教育，各种比学赶帮超……

无可奈何之下，自己做起了花学园，所以，花学园既可以说是焦虑的产物，又可以说是对抗焦虑的产物。

如果把花学园看成创业，那么创业的过程真的好辛苦。推广新理念、招聘适合的老师、稳定团队、招生……没有一件事情是容易的。可是如果换一个角度，花学园的存在，在某个阶段缓解了我最大的焦虑——那就是孩子上幼儿园的问题。那么，我觉得，付出的每一分钟都是值得的。剩下的，都是赠品。

我在学业上，对孩子没有太高的期待，因为我觉得那是一个自然而然的结果。相反，我希望她们有教养、尊重别人、热爱自然、热爱生活。成为一个有趣的人，比成为一个学霸重要得多——当然，如果两者兼得，我相信，这也是上天的馈赠。

三

花学园的好日子转瞬即逝，小学马上到眼前，又焦虑了。

有一天，我进城办事，刚好赶上一个著名小学中午放学。我看到门口排队等候的多个托管组织，举着小牌子，再看到一排小朋友跟着这个小牌子转进了不知名的小巷子。刹那之间，就要崩溃了。

不要，我不要我的孩子过这样的生活。我不要我的孩子以后回想起童年，就是这样幽曲的小巷，就是这样单调地背着书包埋头走向不知名的小屋。

我也不要过放着大房子不住，非要去挤学区房的日子，不希望自己每天来回 8 次的接送孩子，把自己变成了没有自我的接送机器人，我也不想每天晚上花 2—3 个小时和孩子撕逼写不写作业的事。

那一刻起，终于下定了做小学的决心。

在现行的环境下，做小学之难，难于上青天。个中冷暖，如人饮水。

小学更名“云初”，放在一个高高大大可以望见闽江的顶楼。现在的我，每天坐在云初最好的位置上，看日出日落看雨天阴天晴天……

有人说，这生活真好。有人说看你虽然只写阳光正能量的一面，但一定也有不为人知的辛苦。说得都对。

回首往事，只是不想过被焦虑打败的人生罢了。曾经以为，做花学园，做云初，是为了孩子，为了给孩子一个好的教育。

可是，最终发现，一切都是为了自己，为了让自己过一个不被集体焦虑打败的人生。

有人说，我不能去追求梦想，因为我没有钱，因为我家里不支持，因为体制内的工作很难放弃。我们有太多的理由不行动，耽于想象，停滞不前……都对。

有人问，如果你们失败了呢，会不会就这样影响了孩子的一生？这个问题就尴尬了，人生不过是一种选择，哪有什么绝对标准。

我选择什么样的人生，就为什么样的人生负责罢了。我想，作为母亲，教会孩子这一点，就够了。

即便你以为做了最完美的设计，依旧有可能一败涂地。看看那些野心勃勃的创业公司就知道了。所以，与其期待完美人生，不如抓住当下。未来也不过是每一个当下累积的结果，现在每天都过得焦虑痛苦没有尊严，难道以后还会有一天突然就豁然开朗、如有神助了吗？

与其耽于想象一个美好未来，还不如埋头现在努力。

不想过被焦虑打败的人生，就要选择打败焦虑。这个大概就是我这个阶段人生的意义，如此而已。

世界的美好，请你选择相信

2017 - 12 - 11

我们对教育的创新是如此渴望

随着携程、三原色事件的爆发，中国的幼儿家长们似乎全都应激障碍了。他们痛呼：世界这么大，无处安放我的孩子。

家长成了惊弓之鸟，孩子们惶然，老师们被形容成隔壁家老王，被钉上了职业的耻辱柱。情节之相似，性质之严重，类同前两年汹涌澎湃的医闹事件。这个成人的世界究竟怎么了？

带着某种抑郁和沮丧未散的心情，参加了今年由蒲公英智库组织的第四届中国教育创新年会（11. 31—12. 2），主题是《未来——重构学校》。

在国内，这可能是一个很特别的教育年会，因为整场会议的组织、内容，包括每一分的开支，都是由出席年会的老师们分担的。

这个教育年会从 2013 年第一届开始，就形成了这样的收支格局：基本收入多少，开支多少，没有政府补贴，也没有组织者亏损。就是说，这是一次没有领导讲话，没有政策宣导，特别民间的教育创新年会。

以前我们会认为，这样民间的会议，能够来个 100—200 号人，就算是有能耐了。

可是，超乎你们的想象，也超乎我们的想象，从入口扫码进场的人头攒动我就已经开始惊讶了，难道我是赶上了春运吗？等到达主会场，才发现，这可能是我迄今为止参加的最大规模的教育会议了，因为在杭州白马湖的国际会展中心展馆里，摆着 2000 多个位置。

来自全国的 2000 多个中小学校长和老师，自发参加了这次中国教育创新年会。

好吧，说真的，我有点震惊，这么多人，自发参加，这意味着什么？

我们对教育的创新有多么的渴望！

看着这么多人，迢迢千里，聚集在一起，讨论教育创新的事，不得不说，我被安慰了。

我们想要一所什么样的学校？

这一次的主题，围绕着“重构学校”，就是探讨未来我们想要一所什么样的学校。在回答这个问题之前，大会组委会主席李斌有一段让我心有戚戚的阐述：

教育很难。这个世界一切都可以失败，唯独教育必须“一个都不能少”；这个世界很多人都可以高妙空灵高谈阔论，唯独校长老师们必同时背负自己和全校孩子“沉重的肉身”。

这句话，大概只有真正做过校长的人才能够理解，那一种把所有的责任背在身上的沉重。会议上，到处都是千人学校的校长，我们可能是最小最小的一个。可即便如此，我依然能够理解这种负重所代表的含义。或者说，理解得更加深透。

到底，我们要做一所什么样的学校？李斌说：教育人应该怎么玩儿？

这些年的讨论、方向其实早已很清楚：无论如何我们要学会去做“真正的教育”，做不被浮躁的指挥棒、舆论圈、利益、分数所左右，回归本源的教育。

无论如何，我们要做“美美的教育”，尽力让学校美不胜收，努力使学习兴趣盎然，全力助学生和老师都绽放最美的自己；

无论如何，我们要做“有人的教育”，总是以人为根本发展为出发点，让学生、老师站在教育的正中央；

无论如何我们要做“有专业尊严的教育”，让教育因专业的高度而抵达专业的尊严，让真正的、美美的、有人的教育在校园内科学而有序地落地。

什么是理想主义？这大概就是真正的理想主义。可是在会议结束后的一个多星期里，这段话，却反复出现在我的脑海里。我们到底想要一个什么样的学校？大概就是这样的美美的、有人的、专业的学校吧。

可是，当我们面对现实，就会知道：何其难也。

既然这么难，为什么我们还要去追求？我也曾经不停地问过自己。

参加完这个会议后，我赶回福州参加爱文字书艺馆举办的“榕城十幼书法展”，遇到多年不见的师兄，说起这几年在教育上的坚持，师兄感慨了一句：你真是在没有任何支持的情况下做这件事的呀。说得我差点泪崩，吸了一口气，深深咽回去。想起一部偶像剧，主人公说，倒立是为了把眼泪咽回去。所以，我觉得我需要去学倒立。

开幕式致辞上，李斌回忆多年前，20多位校长专家躲在山里，关闭手机，围绕着真正的教育、美美的教育、有人的教育展开深度对话。

> 其中一位校长最后说道：这几场交流几乎是触及每一位校长灵魂的，应成为我们教育人生的轴心时光，但我相信，只要回到现实，我们大多数人都会丧失在山上的勇气。

所以，他告诫在座的校长和老师，除了描绘一所理想的学校，还必须同样做好这样的心理准备：

> 无论如何，我要背负，要下决心在最难的时候不逃离，不撂挑子说不干了，说回头吧；
>
> 无论如何，我愿意付出代价，把委屈、受伤、不理解、无奈的等待、健康的流失当成理想教育“必要的献祭”。（好吧，如果这些是必要的献祭，我想说，我已经全部都经历了。）
>
> 无论如何，我要做文化、资源、能力、技术与团队的准备，让教育有观念准备、有科学研究、有专业支持，有团队相濡以沫，同甘共苦。

我想说，这样的背负、代价与准备，不是国家的要求，更不是领导的命令，而是我们生命的可能性向我们发出的召唤。

万科 2013 年的宣传片，我印象很深，片尾，王石站在江边，说了一句话：我们尊重生命的不屈。

不知道为什么，这句话打动了我很多年。

是的，就是不屈。别人都认为没有别的路，只能屈服，可是我不相信，一直是这种信念在支持着我。我不相信，我们所坚持的人性的、美好的、专业的东西，必须被世俗的喧嚣浮躁所取代。是的，我就是不相信我们会无路可走。也许，我更愿意相信鲁迅先生说的话：世上本没有路，走的人多了，就成了路。

其实，这就是创新的路。选择走这条路，需要勇气，如此而已。

花学园从家庭园走来，迄今已经6年。这6年，我们可谓钱也疼人也疼，唯有良心不疼。也许她还有太多不完美的地方，但是，我知道，我们曾经为孩子付出过毫无保留的爱。而这种爱，孩子们也许不一定会记得，但我相信，这种爱，如同一颗良善的种子，会种在孩子的生命里，在将来的人生中发芽。

我不知道花学园和云初未来的故事会怎样，我只想到，如果将来，我们回忆往事，也许会说：

曾经有这样一批人，以自己的孩子为出发点，做了一所美美的、有人的、专业的学校。在这个学校里，老师和孩子们得到了快乐的、健康的、充实的成长。

也许，面对现实，我们依然觉得骨感无力，但是，曾经这样一起守望成长，为孩子的未来做过真诚的努力，我们的内心感到丰足安定。如果人生再给我们一次选择的机会，条件依然如此困难，我相信，我们还是会选择出发，因为这不仅仅和我们的孩子相关，还和我们坚守的人性之美有关。

无论别人眼中的世界怎样，面对我们的孩子，我还是会跟他们说：

“孩子，世界的美好，请你选择相信。”

云开

莫忘初心，无问西东

2018－07－30

关于自我

莫蓉问了我好几遍，什么时候发布官方消息比较好。想来想去，还是等到自己从兴奋中沉淀下来以后再说吧。

曾经有人研究过，得到美国顶尖大学的终身教职的幸福感能够维持多久？答案是一个月。一个月后，生活会回到原来的轨迹中，人们从兴奋中慢慢恢复到原来平静的生活。

回头想想，这件事从发生到确定，差不多也过去一个月了，感觉到自己也渐渐从喜悦兴奋中沉淀下来了，剩下的是按部就班的工作，解决一个又一个问题，克服一个又一个困难，直到完成设计装修，等着把小学部的孩子们搬过去。

是的，这个官方消息是，在努力了这么多年后，我们终于要有自己真正的小学了。

我很高兴地发现，我自己比以前进步了。以前事情若多而繁杂，不免多思多虑，辗转反侧。可是，这一年，无论发生什么，总是困了倒头就睡，饿了就努力吃饭。今天想不通的事，明天再说。太阳照样升起，天也没有塌。这个大概才是永恒不变的真实人生。太多的波澜起伏，多半都是自己在情绪小世界里虚构的起承转合。这于自我，是一个莫大的喜悦，因为是现实的成长。

也许，也更应了我常常规劝做决定犹豫不决者的一句话：有些事，想着想着就想没了；有些事，做着做着就做成了。所以，实现理想的途径，不是我想，而是我去做。

关于友情

原本以为，当我宣布这个消息的时候，一定会热泪盈眶。然而，并没有，相反，甚至有点沉重。

最开始知道这个消息的时候，有老师担心，如果我们做了一所正式的学校，现在这些好的东西会不会就没有了，我们会不会变成和公立学校没有什么差别。也有一些早一点得到消息的家长，忧虑重重，觉得一定会变。过去那些好的东西，会让渡给合法性，因为合法性，而做教育上的妥协。

这让我很疑惑，原来，并不是所有人都和我一样，认为这是个好消息。更让我困惑的是，为什么大家都在担心根本还没有发生的事。我也曾想过，是否需要去解释。后来也想明白了，任何说明都是苍白的。

行动才是最好的证明。

而在这个过程，始终和我站在一起的，是经过这么多年，没有离开，一直坚持下来的几个人：我的合作伙伴，我最初选定的几个老师。

这件事，对我有多么重要呢？

一个人坚持理想太孤独了，有同行者至少意味着温暖，哪怕不多。有同行者不管遇到什么，都不离不弃，也意味着这条路一定走得通。

这几年下来，很难吗？

其实也觉得没有什么声泪俱下的难，也可能是因为我对难的过去总是忘性比较大。

那是容易吗？

那绝对是不容易的。说起来，也不至于让人泪崩。但每每独自一人想起，心中情绪起伏，眼泪也控制不住。

感谢陪我一起笑过的人，更加感谢陪我一起哭过后还跟我在一起的人。

陪我笑者，看到的都是我们的好消息。陪我哭的人，才知道我们并非一帆风顺，其实一路跌跌撞撞磕磕碰碰。只不过，每次我们站到人前，都收拾好了自己，并不露出膝盖的红肿和内心的泣泪淋淋。

在这一点上，真的很像无论如何都要朝着太阳的向阳花。

好吧，虽然需要感谢的人很多，但要特别感谢一下莫蓉和李明。感谢莫蓉，是因为我所有摔过的坑她都了如指掌，虽然经常埋汰我怼我谏言我，但一直坚持和我站在一起。感谢李明，是因为，不管我们怎么怼他嘲笑他给他取外号，他都微笑着，不离不弃。

我相信，这样的友情，需要时间和困难的累积，得来不易。

还有几位老师，就不点名了，看到的你们一定知道我在说什么。我爱你们，会像当初招你们进来向你们描绘的学校未来那样去坚持，初心不改。

姑且把我们称为理性乐观主义者吧，就是我们已经知道生活不易，但是为着心中的理想，仍然愿意坚持。

关于亲情

每当我觉得疑惑重重的时候，安慰我的，总是我的家庭。

我回家对子曰和之言说：宝贝，妈妈要做一所真正的学校了，你们支不支持啊？

估计两个小朋友其实并不很明白这个含义，但还是开开心心地说：我们支持妈妈。

我说：可是，如果妈妈开始做这所学校，可能会变得很忙，也会很辛苦。

她们说：我们会乖乖地照顾好自己呀。

两个孩子贴心得让人想哭。在我心目中，她们都是这个世界上最好的孩子。是上天给我最好的赠予。

我又去找徐先生，徐先生除了一遍又一遍唠叨，无比担心我的身体外，所有的实际行动都在支持我。甚至同意搬离现在离公司比较近的家，到学校附近去找房子住。

其实，面对徐先生，除了感谢，所有的话都是废话。因为，如果没有他长年的鼓励支持，从金钱到精神，这件事根本就做不成。我只会回到命运给我设定的轨迹中去，做一个安静的大学老师。

深夜，面对自己，也会问，确实要继续往前走吗?

要往前走的。

等到了临终，问自己，此生最大的遗憾是什么?我不希望自己的答案是：当初我有一个梦想，可惜没有坚持。

我希望我自己的回答是：我没有遗憾，因为我一直努力活成了自己想要的样子。我可以安心地离开，因为这辈子，我想做的事，我都努力去做了。

想做一所真正的好小学，是在心中发酵了快七年的梦想。从一开始，我的梦想就只有一个，从来没有变过，那就是：拥有一所属于我们和孩子的，梦想的，真正的小学!

当年做花学园，就是因为看了《窗边的小豆豆》这本书，萌生了做一所好学校的想法。当时想做的就是小学，只不过，那个时候子曰还小，不到 2 岁，所以就从幼儿园做起了。

后来孩子慢慢长大，到了小学的年纪，我才知道以一己之力做一所心目中理想的小学，真的是太难太难了。

难到我几乎放弃了合法化的想法，只想着像堂·吉诃德一样，和风车斗一场，完成对家长的一段承诺后就回到我人生本来设定的轨迹中去。

可是，机会突然就来到面前，让我措手不及却又急不可待地想要去抓住它。

就像我一直很喜欢王石在万科企业宣传片中说过的那句话一样：我们尊重生命的不屈。

是的，有的时候，不要给理想披上太梦幻的外衣，其实，只要能够坚持不屈，就是对理想的坚守了。

马云说过，所有人都倒下了，你还半跪着，就说明你赢了。

全国像我这样，因为孩子走上幼儿教育的妈妈，太多太多了，在全国开出了几千朵家庭园之花，能够做到小学的，百不足一。而能够拿到合法资质的，在这百不足一里，又是极少的。微博上有人给我留言说：谢谢你，是你让我看到了不多见的可能。

我知道，以后会有更多的误解、各种各样的声音，我会经历更多的难过、委屈，甚至影响身体的健康。然而，只要想到，我们曾经这样真实地努力过，我觉得就已经坚持了我们所要坚持的，是一段无悔的历程了。

就这样在各种情绪中过了一个月，直到尘埃落定。心忽然平静下来。看着每天开开心心，爱笑爱闹的两个孩子，想着忙忙碌碌最近几乎一半时间都在出差的徐先生。

我们都深深爱着这个家，用自己的方式努力爱着这个家。

忽然明白，什么才是好的家庭，那就是没有一个人在为这个家庭牺牲，每个人都做着自己喜欢的事，彼此成全。

就如这个学校，孩子们有了更开阔、更美丽、功能更齐全的学习场所，会有更多的专业而友好的老师，老师们有了更大的学习平台，有更多和外界交流的机会，家长们也会因为孩子的成长而有所学习变化，没有谁在这件事里受到损伤。一个更大范围的彼此成全罢了。

新小学取了新名字，定名为“云开”（继云初之后的第二朵云），是因为签订正式合同的那一瞬，差点泪崩。心中只有一句话：守得云开见月明。在经历了七年的坚持，无数次想要放弃的念头后，终于等到了云开雾散的这一刻。

想及此，心中就有了勇气。

都说，念念不忘，必有回响。我叨念了这所学校这么多年，今天终于可以走向它。想象着它一点一点被创造出来，真是一种用语言无法形容的幸福。

所以，对于这件事，八个字足以说明我们现在的心境：莫忘初心，无问西东。

爱大家，请给我们勇气，让我们一起拥抱虽然未知但值得努力的未来吧。

因知终点，望见来路

2018 - 08 - 06

最近的心，很沉静。一来经历了一场赏心悦目的旅行，二来可能因为笃定了未来几年自己所要努力做的事。

也许，这就是成人所谓的安全感，不再是原生家庭那些乱七八糟的结构，以及不小心被父母挖下的各种心理学意义上的坑。简单地说，过去是我们不能决定的，但是当下的选择与行动，却在决定未来。所以，有一点小小的建议，那就是，还沉浸在原生家庭的苦难幻想中的成人，救助自己的方式，除了沉湎过去，还有一条更加康庄的路，那就是望见未来。

沉重的肉身

在旅行的路上，有一天，看到一个朋友发的圈。说她每次在做出重大决定之前都会大哭一场。从前以为是和珍贵自我别离的一种不舍，现在才知道是因为对不可预知的未来的恐惧。虽然她明白了自己为什么会哭，但还是哭着做下了一个重大决定。

特别理解这种感受，因为，我同她一样，算是一个创业者，或者说所谓一个机构的发起人。我们都背负很多责任，包括很多人的期待。而我们深深知道，这种背负的沉重。尤其是这种背负和“孩子的未来”捆绑在一起的时候，足以叫人步步惊心，真正理解了什么是生命不可承受之重。

曾经有很长时间，我都背负着这样的“重”，以至于感觉自己的脊背都压弯了，每每深夜惊起，唯恐行差踏错，一场理想主义的旅程，变成空想。

直到有一次，听蒲公英智库的创始人李斌说起校长这个角色：

> 教育很难。这个世界一切都可以失败，唯独教育必须“一个都不能少”；这个世界很多人都可以高妙空灵高谈阔论，唯独校长老师们必同时背负自己和全校孩子“沉重的肉身”。

忽然，心就静下来了。原来，这个世界上，有很多人，都是在明白了世界的真相后，还愿意继续负重前行的。不是梦幻的理想主义，而是一种“不屈”。是一种，我想看看，世界，我能为你做点什么的坚定的努力。

有的时候，真的很怕的。怕到想逃离，怕到担心自己的能力不足以撑托住这个理想。怕到有时候难免想龟缩起来，然后不断地给自己心理的暗示：你只是一个小女人，你只是一个小女人……

然则，为母则刚吧。当看到比自己还要弱小，很需要成年人给她们做好榜样的小儿女们，就觉得有了面对一切的勇气。

所以，我一直很怕别人给我理想主义的高帽，因为从一开始，我就是“为了孩子，为了孩子”。至今，依旧如此。我相信孩子的存在，给我们新生的力量，让我们可以望见辽远的未来，那是一片希望的田野。这是我会一直告诉给孩子知道的。

在希望的山海之间

我从小在一座几乎无人的深山里长大，每天面对的是阔远的蓝天以及连绵翠绿的山脉。我想，是自然滋养了我的心灵，使我成年以后，不管经历什么纷繁复杂的焦虑，只要遥想回童年，都能找到内心的安定。

也想给孩子这样的安定，所以，云初小学（最初，云开小学名为“云初小学”）的“神奇校车”，一直行走山水之间，但愿空远的山与海，一个个村落所保留的文化，能够呼唤起他们对他们所处的这个世界的深度联结。他们会因为深深了解，而深深眷恋生养他们的土地，不管他们将来走向哪里。

这一次暑假的“神奇校车”开往了宁德福鼎的嵛山岛，这是一个还没有完全被开发的明珠。

真是很美很能代表福建的一个地方。有山有海有村路，有好吃的。看着他们上山下海，看着他们用挂起的床单看露天电影，看着他们自己亲手做的吃得香喷喷的乌米饭，看着他们摸过的鱼干……

看到子曰每天跟我视频都很开心，我心里十分知足。我知道，她们的童年记忆里，已经有了山的味道、海的味道，城市的生活、农村的体验……这些构成了她们走向未来的一个个断片，也构成了她们的童年。

因知终点，望见来路

以前很少讲到信仰，可是这一次想谈一些。简单地说，信仰是自由的，跟每个人的际遇有关。我觉得，有一点信仰是好的。因为，几乎所有的信仰都教你爱和善，都会告诉你终点是什么。

有的时候，我们焦虑，是因为没有信仰，抗拒我们自己逐渐走向终点。

也不知道从什么时候开始，我的心就可以坦然面对自己的终点了。所以，现在的努力都在于，在终点来临之前，尽量少留遗憾。余生，无论做什么还是不做什么，都会过完的。因为，时间对每一个人都很公平。

所以，我有了属于自己的选择。就是去做一个好的教育，真正对孩子、老师，包括家长在内的好的教育。

剩下的，都是自然而然发生的一切。想象自己其实就是一座山，立在那里，长得很慢，越来越高，知道自己存在的意义。剩下的，吹来的风，暴烈的雨，长出的树，枯掉的叶，生死更替的草木虫鱼，不以山的意志为转移，任它们自在吧，自然教会我们一切。

而，我望见，一行小孩，向我走来，穿过我，登上我，离开我……走向自己的人生，阳光在前面指引。

时光不回头，哭着也要向前走

2018－08－20

上一周，干了件特别丢脸的事。

这次新小学的设计，委托的还是云初原来的设计师，大成设计的开新总。开新总是业内的大拿，为人却又极其低调诚恳，是一个真正可以做朋友的人。他对我们一路走来的情怀和艰难有了解，又对我们的需求把握得十分精准，实在是新小学设计的不二人选。

但是，这次不仅是室内设计的问题，最大的成本是在结构改造上。结构改造我们预备委托的是福大设计院，原因也是福大设计院对我们的项目特别熟悉，一直在帮我们设计花学园3号。

那天，我们在会议室里，一群人讨论得好好的，最后算到改造的成本，才让我发现要达到我想要的效果，我们的预算根本就不够。所有的希望就只能寄托在与会的专业人士帮我想出折中的办法。既要控制预算，又要能呈现我想要的空间感觉。

我知道自己是在强人所难，可是我真的一点办法都没有了。那个时候，我一边满心请求他们的帮助，一边大脑里快速做着计算，发现费用完全超出预算的时候，居然急得当场眼泪飙出来。

那个时候，心里真是复杂极了。一面觉得很丢脸，这么大的人了，很尴尬。一面又觉得有好多委屈，不知道自己为什么选了一条这么难走的路。

还记得上一次，当众飙泪，就是去年云初开业的时候。

其实从去年年头开始身体就一直很不好，云初也折腾去好多心力。终于坚持到大家都高高兴兴地来参加开业仪式了，那天，按例我是要做个开业致辞的。那天徐先生来了，就坐在台下，我看着他笑眯眯地看着我，不知道为什么眼泪就控制不住地流出来。

一瞬间想起太多他对我的支持，我自己的任性和一意孤行。想着，我这么任性，他为什么还能够一直支持我呢？我有什么好，又任性脾气又坏，哪值得他这样对我？心里涌起很多对不起。

这几年下来，总是努力想着，用尽一切办法要对得起孩子，对得起家长，对得起老师们的信任，独独对不起他一个。

我记得很久以前看过一次孙瑞雪的访谈，记者问她，如果时光可以倒流，再给她一次机会，她还会不会做“爱和自由”的幼儿园？

孙瑞雪的回答是：不会。

那个时候我还太年轻，竟然会觉得她懦弱。

可是，就在眼泪飞出眼眶的那一刻，我忽然意识到，如果时光倒流，再给我一次机会，也许我根本就不敢开始。说什么，情不知所起，一往而深。还不如直接承认，自从一时冲动走上这条路，根本回不了头，哭着也要走完。

我一点也不坚强勇敢，常常很娇气，怕苦又怕累。脾气还很坏，一言不合就“再见，再也不见”。一身的毛病，有深度的社交恐惧症，极度害怕和陌生人打交道。

可是我现在的工作，要求我勇敢，坚强，承担责任，不能任性，不停地对外宣讲，常常要逼自己和陌生人打交道……

那天，我记得和开新总一起从设计院走出来，我忽然跟开新总说：这次，我不敢任性了。

那一刻，好心痛。是啊，不敢任性了，因为身上背满了各种责任。前两年，莫蓉说：你的人设太好了，哪天崩了怎么办？我说：啊，那现在就崩掉它吧。我才不在乎什么人设呢。

我还是高中生的时候就告诉我的闺蜜：这个世界上，有人喜欢你，就有人讨厌你，不要去讨好不喜欢你的人。我就这样任性了二十多年。我一直都不过是在做自己而已，做自己喜欢做的事。

我深知谁喜欢或者不喜欢我，其实和我是没有关系的，因为那都只不过每个人的投射之镜而已，反之亦然。不要活在别人的期待里，也别对别人有什么期待，管好自己就是一生很难的修行了。

今天，我到底想说什么呢？

其实，我想说的是，这个世界上，有一样东西是只往前走不往后退的。那就是——时间。完全不以人的意志为转移地往前走，一天 24 小时，谁也不多，谁也不少，很公平。

多年前，我看王潮歌做的舞台剧《国乐》，有一幕至今不能忘。两个演员，一个弹着琵琶说：我是 2200 年前的项羽。另一个说：我是 2200 年前的刘邦。

这一幕，忽然给我很大的震动，是啊，俱往矣，不管是曾经英雄饮恨乌江的西楚霸王，还是历经艰辛的开国皇帝，谁都逃不过生命的流逝，成为历史。无论你争还是不争，结果都是一样的。

但是，如果时光倒流，会不争吗？

前阵子，有文章纪念抗战中逝去的 1700 名中国最早的飞行员，他们都是当时中国最优秀的青年，可是平均年龄居然没有超过 23 岁。他们为这个国家献出了他们最宝贵的青春和生命，可是他们的后人们却已经大多不记得他们了。

有谁去问他们，如果时光倒流，他们悔不悔？如果时光倒流，他们会不会登上那架注定让他们年轻不寿的战斗机？

遗憾的是，战争根本没有给他们重新思考人生的机会。当我们看到这些，就会明白，有时间反复犹豫想来想去做与不做的人是幸福的。因为他们有的就是大把的时间，用掉了也没有关系。

但是，有责任的人犹豫不起，因为时光很宝贵。

和平年代的人，抱怨什么呢？害怕什么呢？娇气什么呢？在意什么人设呢？是让你以命搏吗？是做不好，有人要逼你跳楼吗？如果都没有，那你怕什么呢？犹豫什么呢？为什么不敢去做呢？

念及此，想到自己的眼泪，便觉得有点羞愧。好像自己有点差劲，一点也不勇敢。可是，我还是想说，下次感觉太难的时候，我可能还是会忍不住要哭的呀。就请爱我的人，原谅我一时的脆弱吧。

但是，哭完了，我还是会往前走的，因为，我知道，时光不会回头，我只能向前走。

教育就是教人自明

2018－08－27

我们的愿景：做让生活更美好的教育

有一天，我在云初，请一个小朋友吃鸡翅，祝贺他越来越懂事了。

这个孩子，三年前进的花学园，被封“四大天王”（就是四个怎么都不肯午睡，各种电量爆格的男生）之一。可是他现在号称自己“上知天文下知地理各种才艺随手拈来”。我很喜欢这个孩子，很喜欢和他聊天。他今年要上云初小学（后改名为“云开小学”），特别开心。

他妈妈告诉我，有一天他跟他妈妈说：妈妈，我喜欢花学园，我以后要上花小学、花中学、花大学。把我感动坏了。这话，子曰以前也跟我说过，但我想那是因为她是我女儿，不想离开我的原因吧。

还有一个孩子，妈妈去美国访学了，孩子也跟出去一年。她们在大洋彼岸听说我们要做一所正式的私立小学后，特别开心。让她妈妈特别意外的是，有一天她收拾房间，发现了女儿写的一张字条：我很开心我们有了一个可以上到中学的学校。

还有一个孩子，暑假迷上了《最强大脑》，觉得新加坡国立大学特别好，然后晚上就做了个梦，梦见我们有了自己的大学。

孩子们的心呀，真是赤诚动人。我忽然觉得自己是这世界上最幸福的人，因为，我们一直在给孩子美好的相信和希望。

去年的红黄蓝事件，让很多家长恐惧慌张，可我还是坚定地告诉孩子：世界的美好，你要相信。

是的，这就是我的世界观，坚定不移。我希望，好的教育能够让孩子坚信世界的美好，并且能为了这个世界变得更美好去努力。

我们的使命：教人自明

想出来这个太难了，我记得有一天，我通读完中西方教育思想史后，跟莫蓉同学哀嚎了一句：什么话都让前人说完了，我都无话可说了。

很痛苦，因为似乎你只要依循历代教育家们讲过的对的话去做就好了。但如果只是这样，那么我们这一辈人存在的意义又是什么呢？去把别人的思想实现吗？100 多年前所要达到的教育理想，现在还没做到呢。

我非常深刻且清晰地意识到，这不是我想要的。天上星星那么多，为何我们不能是其中一颗？前人存在的意义，除了用来尊敬和学习之外，难道不是用来超越的吗？如果我们不能提出属于这个时代的、属于自己的教育观点，那么我们存在的意义又是什么呢？

于是，我静下心来，不去管前人说过的话，而是去认真地思考：

教育的第一性原理是什么？

教育存在的意义又是什么？

如果没有教育，世界会变得怎样？

教育到底是教人做人，还是教人学习？

教育的场域到底在哪里？

教育维持的时间到底多长……

当无数多的问题向我涌来，大脑转得像个飞轮，疲累得我坐都坐不住，只好躺下来，强迫自己的大脑慢下来，想象自己在浩瀚的星空中遨游，努力寻找自己的位置。忽然，万物俱静，我找到了属于自己的星星：教育就是教人自明。在那一刻，所有的躁动不安，都平静了下来，终于有一块基石，可以让我稳稳地站在上面，开始建构自己的教育思想。我想，这一定是上天给我坚持多年的馈赠吧。

为什么教育是教人自明？

我相信它不是突如其来的，它已经酝酿多年了。与我对教育的时空观的理解有莫大的关系。

1. 教育不是阶段性的事，而应该是一种终身学习。孔子说，朝闻道，夕死足矣。所以，此生都应该坚持学习，这是我对教育的时间观。

2. 教育不只是学校里的事，教育随时随地都在发生。

有一天，子曰之言闹意见，之言的东西坏了，子曰主动帮她修，之言生气地拒绝了，子曰因为妹妹不领情，也生气了。后来她们和解了。爸爸知道了这件事，分别给两个孩子奖励，告诉妹妹，别人给予的好意，要懂得感谢和尊重。告诉姐姐，别人的拒绝要学会接受。告诉姐姐妹妹，懂得解决矛盾是一个很了不起的本领。

教育发生了吗？教育发生了，场域在家里，老师是爸爸。

有一次，我带二年级的孩子出门玩，孩子在我车上聊起，如果爱发脾气会不会失去友谊的问题。我问虎仔：好像你都不怎么生气呀，你是怎么做到的？虎仔说：我憋着。我又问：那你憋着不难受吗？他说：我回家睡着睡着就忘啦。边上的小朋友都赞叹他的冷静豁达。

教育发生了吗？发生了，场域在我的车里，虎仔是老师。

教育不应该被窄化为一门学科，它应该变成一种理解世界的方式。教师也绝不仅仅是站在讲台上的那个人。

孔子教学，采用“拱己以待”的方法，持“不叩则不鸣”的态度。学生不问老师不答。学生准备好以后，老师再教，教育才发生。墨子反对这种观点，认为“不强说人，人莫之知也”。认为老师的职责就是主动、积极地“上说下教”，向人们宣传、推行自己的主张。在这一点上，我更欣赏墨子。孔子是个好老师，但是姿态太高。

然而，我最喜欢的老师，却是佛陀。

我读《大般涅槃经》，世尊将欲涅槃，力士苦苦哀求：

“惟愿世尊，住寿一劫，若减一劫，不般涅槃。利益诸天人民。”

世尊告诉他：

“一切诸行，皆悉无常。恩爱和合，必归别离。设我住世，若满一劫，会亦当灭。我所说法，但当忆持诵念勿忘。此则不异我在世也。”

意思就是：你们只要记得我所说过的法，我就还活着。这就是思想的力量。与生命的长短无关。

世尊将欲涅槃，有一外道名唤须跋陀罗，想要求法。阿难担心世尊身体不好，予以拒绝。可是世尊却把须跋陀罗叫到身前，亲授他八正道四圣谛，成就他成阿罗汉。

有问必答，不问也答，不管何时何地，不管什么身份背景，只要他在，教育就发生。从来不传授生硬的知识，只告诉他学习的方法和路径，要让他的学生经由他的指引，成为一个可以自己学习自己指引自己的人。

我觉得这就是佛陀教学的要义。

且佛陀说：人人皆可成佛。就是当你走过这个过程，证悟了，就可成佛。当你学会了，你就成为老师，成为可以帮助别人习得自明的人。而自明者，是一个终身学习的人。也因而，教育就是一种随时随地可以发生，帮助人可以有所觉悟成长的行为。不独在知识这个狭隘的领域。

这就是我的教育观，这就是我想做的学校。谁都是老师，谁都可以是老师，老师和老师之间，老师和家长之间，孩子和孩子之间，孩子和家长之间，孩子和老师之间，互相学习，共同成长。跨出学校的围墙，来到社会，亦如此。这是持续一生的学习。

INOK云可

云可

山，来了

2019－5－10

童年——我是山的孩子

我的 0～6 岁，在一座几近无人的大山里长大，居住在一个林场里。爷爷曾经是这里的场长。

很多人早就回城了，只留下继承爷爷工作的父亲和我们一家人，以及几个单身汉，有家庭的都离开了。带孩子回城读书。

没有小伙伴，大山是我唯一的朋友。

我曾经一个人跑过各种小路，下过各种溪流，追逐过各色的蜻蜓，吃遍了这几座山产出的各种水果：甘蔗、橙子、枇杷、李子、橄榄、香蕉、甜桔……

我从这座山跑过那座山，从这条溪流越过那条溪流。我曾经是山的孩子。

回城上小学以后的每一个暑假，我还会回去。和父母，带着行李，离开家，先坐三轮车，再转汽车，再坐轮渡，再乘小船。

乘船的渡口，有一个包子铺，我们会在那里买几个热腾腾的包子，因为后面还有两个小时的山路，只能用脚走。

小船不是用来划的，而是用一根长绳拉到对岸。多年以后，看《边城》。我的脑海里，出现的不是湘西，而是我无数次渡过的这条河。

再爬两个小时的山路……凌晨4点多出发，下午2点多才能到达，小的时候，真的觉得，好远啊。

那里的人变多了，有了食堂，我也有了弟弟妹妹，我们一起往林场工人的饭盒里丢过泥沙，我们一起爬过树，我们用废旧的锅做成机关来捕鸟……长大以后，我读到鲁迅先生的《故乡》，看到相似的情节，会心一笑。这就是童年。

12岁以后，父母彻底回城。我也再也没有去过那里。

初中高中大学，城里的生活太忙碌。有很长时间，没有空回忆我的童年。

直到，上博士的有段日子，我沉迷写作，忽然想起这段日子。我记得所有走过的小路，记得进场的那栋宿舍楼的每一个细节，每一个房间住的人，每一个楼梯转角的路线。甚至记得澡堂的味道。

我记得每一条溪流，它有多大，它有多深，它流经哪一座山，哪一片田。那一段日子，我被我的童年"袭击"了。泪流满面，心中无限感激。原来，我有这么好的童年，自由自在，无忧无虑。

后来的岁月，我无数次想起这段日子，它无数次滋养我、感动我，让我对生命和生活充满了喜悦和感激。

中年——我的孩子是否能够成为山的孩子

9年前，我成为了一个女孩的母亲；7年前，我成为了另一个女孩的母亲。

我为她们做了学校。取名花学园，是向小林宗作先生的巴学园致敬。

我坚持花学园一定要有自然课，是因为，我知道，与自然的连接，是滋养孩子一生的财富。

三年前，我的第一个孩子上了小学，我坚持她们每周都要有一天回到自然里，徒步、登山、自然游戏……是因为，我知道，孩子的身体，需要自然，孩子的心灵需要自然。

这么多年，我一直在找一个地方，能够让孩子们融进山里，去成为自然的孩子。我真的找了很多很多年，久到我都快记不清我的执念。

第一次去白杜的那天，阳光很好。村里的主任书记带我走过那个村，我看见一座座山葱葱郁郁，像我小时候看到的一样，我看到大樟溪穿过村落，又与我小时候的有些不同。

我看见一片片的李子林、青梅林……在记忆里的闪闪烁烁。我甚至看见老房子的炊烟袅袅升起……

原来，无论沧海变化，它都在那里，等着你，问你什么时候回来。

我想，就是它了。也许，它和我想要创造给孩子们的，还是有点不一样，但已经很好了，很好了，孩子们不能等，不是吗？他们在一天天长大，他们将逐步走向他们更加现实的、深沉的、需要承受的人生。

可不可以，在他们的人生里留下一些特别的美好的充满灵气的记忆，与所有城里孩子不一样的记忆。

哪怕他们将来衣冠整齐地像个标准的城市精英，他们的内在里，也会有深沉的柔软。这是自然的馈赠，这是山林的灵性，城市无法给予。

好高兴呀，继花学园幼儿教育，云开小学之后，它——终于来了，山——终于来了。

去年秋天，我们已经有了云初、云开，也知道自己终究会走向更开阔的教育，需要想一个名字，我去普陀山闭关了几天，在回来的路上，终于想出了“云可”这个名字。

“可”是可以，是回想创业维艰的这几年，支持自己的内在力量，除了对孩子的爱，还有就是对女性的理解和心疼。“有自信，做什么，都可以”，当时就想了这个 slogan，因而有了“云可”的名字。

因为是和永泰“月溪花渡”合作了这个项目，因而我们的第一个营地学校，就取名“云可・花渡。”

往事历历在目，不管多少周折辛苦，我想跟孩子们说，我们做到了。真的做到了。

我们以后还会有海，我们要做山的孩子，海的孩子，我们要做大地的孩子。我们的童年，要有山的味道，海的味道。就像小豆豆同学的巴学园一样。

心理学家阿德勒曾经说过：有人用童年治愈一生，有人用一生治愈童年。何其有幸，我是前者。因而，我多么希望，你们和我一样。

山，来了。孩子们，你们也要来了吗？

到哪里找我们的百草园

2019－6－6

读书的时候，看鲁迅先生的《朝花夕拾》，最喜欢先生笔下的百草园：

> 我家的后面有一个很大的园，相传叫做百草园。现在是早已并屋子一起卖给朱文公的子孙了，连那最末次的相见也已经隔了七八年，其中似乎确凿只有一些野草；但那时却是我的乐园。
>
> 不必说碧绿的菜畦，光滑的石井栏，高大的皂荚树，紫红的桑椹；也不必说鸣蝉在树叶里长吟，肥胖的黄蜂伏在菜花上，轻捷的叫天子（云雀）忽然从草间直窜向云霄里去了。单是周围的短短的泥墙根一带，就有无限趣味。油蛉在这里低唱，蟋蟀们在这里弹琴。翻开断砖来，有时会遇见蜈蚣；还有斑蝥，倘若用手指按住它的脊梁，便会啪的一声，从后窍喷出一阵烟雾。何首乌藤和木莲藤缠络着，木莲有莲房一般的果实，何首乌有臃肿的根。有人说，何首乌根是有像人形的，吃了便可以成仙，我于是常常拔它起来，牵连不断地拔起来，也曾因弄坏了泥墙，却从来没有见过一块根像人样。如果不怕刺，还可以摘到覆

盆子，像小珊瑚珠攒成的小球，又酸又甜，色味都比桑椹要好得远。

悠长童年怀想呀。中年以后，都会入梦来，一点一滴都不会忘记。年少的时候，读这样的文字，因为好些字不识得，便会自然跳过。加之年轻的时候，喜欢故事，对这样写景写物的，自然便视若不见。然而，人到中年，不知为何，却是字字入心，物物眼前。

给孩子做学校的时候，总想起鲁迅先生的百草园，总想着，到哪里去找我们的百草园呢？给孩子一个童年的怀梦。使他们经年后想起来，也能这样的清新隽永，回味悠长。

南江滨是花学园的百草园

于是，南江滨公园成了花学园小朋友的第一个百草园。每一周，他们手拉着手，和老师们一起，离开学校，穿过街边的小路，在红绿灯前停一停，一群小黄帽，行过斑马线，爬上一个小土坡，越过了江滨公园的长坝，就会到达这座百草园。

这座百草园里，有南洋杉、假槟榔、羊蹄甲……有经年的大榕树，也有盛放时灿烂如火的木棉。有春天时叫嚣怒放的炮仗花，亦有半羞半闭的美人蕉。有不经意间就浓香得熏人的夹竹桃，亦有春天雨后一夜开遍的杜鹃。有月季、四季桂、洋紫荆、金丝桃、番石榴、木芙蓉、水鬼蕉，有白兰、茉莉、刺桐、九里香……真是姹紫嫣红嫩绿鹅黄。

让人想起《牡丹亭》：不入春园，怎知春色如许……

有一个自己的百草园，看春花秋落，看绿叶变萧瑟，是人间的恨短情长，是童年的五色斑斓。

披萨花园是云初的百草园

云初是云开小学前两年的过渡校区，在一个空旷的天台上，光滑的水泥楼面，孤冷寂寞。有一天，我看着这栏杆萧瑟，空空地板，就跟老师说：我们做一个空中花园吧。

几个星期后，十一个小朋友，锤钉敲打，拉抬搬运、汗流浃背，一吨多的土，准备完毕。半年后，土肥了，花开了，玉米熟了，小麦招展，虫儿飞、鸟儿叫，新的一届小朋友来到了。

方寸的小花园，是每天小朋友流连忘返的“百草园”。洋葱、罗勒、青椒、小麦，水果豌豆，甘蔗，百香果，薄荷，九层塔，秋葵、鸡毛菜，地瓜、胡萝卜，土豆，车轴草，水稻、红豆，绿豆、芋头，草莓、红苋菜……

高兴得让人想唱起歌来。

世界是云开的百草园

每一周有一天，云开的小朋友，戴上帽子、背着雨衣，向世界的百草园，去寻找她们的童年。世界好大，琳琅满目，奇妙非凡。他们的百草园，我已叫不上名字。

真好呀，鲁迅先生有他的百草园，你们有你们的。

这一周，去云开小学螺洲校区的工地，站在教学楼上往下望，看见了一个“环形”的百草园。跟设计师说，装上栏杆，把这一整条的廊顶变成孩子们的“百草园”吧，一个比屋顶披萨花园更棒的大花园呀。就这么愉快地确定了吧。现在都空着，全部留白，等着孩子们来了，一点一点地种上去，一年以后，就是最美的校园啦。感受着自己信心满满的样子，想起了《窗边的小豆豆》里的小林校长：

> 不要把孩子们束缚在老师的计划中，要让他们到大自然中去。孩子们的梦想，要比老师的计划大得多……过于依赖文字和语言的现代教育，恐怕会使孩子们用心去感受自然、倾听神灵之声、触摸灵感的能力渐渐衰退吧。

云可・花渡是最棒的百草园吧

两个月前，确定云开小学自然教学基地——云可・花渡的位置的时候。我看见穿过村子的大樟溪、炊烟袅袅的土胚房，我看见漫山遍野的李子青梅梨，想象四月五月桃花开李花开梨花开，层层叠叠叫你流连忘返的美。我看见营地学校门前的围墙被推倒，延伸出去是一片已经成年的果子树，我看见孩子们在树下嬉戏，我看见孩子在林间玩要，我看见这里将生长出属于我们真正的“百草园”。

我知道，我终于找到你，我们的百草园。

孩子们，让我们，用我们的青春与童年，去建造自己的百草园，让我们亲手种下属于我们自己的树，播下我们热爱的种子，让我们的脚深深地和大地联结在一起，记得——我们是自然的孩子。自然是守护孩子的神明。我们永远在一起。

第四章 一间自己的房间

我只能告诉大家我在一个枝节问题上的观点——那就是，倘若一个女人决意要写小说，她必须要有钱，而且还要有一间属于自己的房间。

——弗吉尼亚·伍尔夫《一间自己的房间》

莎士比亚的妹妹

1941 年 3 月 28 日，留给陪伴了自己 29 年的丈夫伦纳德一封遗书之后，弗吉尼亚 · 伍尔夫推开英国乡间别墅的房门，穿过开满鲜花的小路，来到欧塞河边（River Ouse），她捡起河边的石头，一块一块地填满自己的口袋。

3 月英国的河水，冰冷，她并没有太多的犹豫，一步步向河里走去，河水没过她的小腿，她继续向前走去，直到河水没过她的胸口，她知道，这一次，她是真的坚持不下去了。

59 岁的她，已经历过多次疯癫的困扰。

第一次，是 13 岁的时候，她的母亲病逝了。对于一个青春期的少女，母亲的离开对她来说，意味着什么？她第一次精神崩溃了，从此，疯癫困扰了她一生。

她的父亲，并没有太多温情留给她，相反，父亲与前妻生的两个哥哥侵犯了她。父亲的冷漠，弟兄们的侮辱，使她把最深的爱恋都给了姐姐凡奈莎。在很长时间里，姐姐凡奈莎承受了伍尔夫全部的激情。每天，伍尔夫都会向她的姐姐发出呼吁："你明天还会亲吻我吗？"

1904 年，父亲去世。不久，姐姐凡奈莎接受了克莱夫 · 贝尔的求婚，失魂落魄的伍尔夫对凡奈莎说："你也知道，在这个世界上，没有人比我更爱你。"但此时的凡奈莎，所有的身心都在迎接她即将到来的新生活。

伍尔夫的第二次疯癫又发作了。

她曾经和著名的同性恋者利顿·斯特雷奇订婚，但最终两人都没有勇气面对婚姻。既是朋友又是恋人的斯特雷奇向她推荐了更适合的婚姻对象——伦纳德。

伦纳德才具平平，不是伍尔夫欣赏的那种才华横溢的人。布鲁姆斯伯里的才子们对他们俩的结合，一点都不看好。

1912 年，犹豫万分的伍尔夫还是和伦纳德结婚了。

但，伍尔夫绝非一个合格的家庭主妇，她会在做饭时把婚戒丢在猪油里，她在参加舞会时穿反衬裙。她害怕和仆人相处。她尖酸刻薄，因为早年的性侵经历，她无法和伦纳德过正常的夫妻生活，她还有一些暧昧不清的同性恋人。她在每次写作的时候，不出房门，手稿堆满一地，不让任何人看，几乎每完成一部小说，她的疯癫都会发作。

1913 年夏天，伍尔夫精神奔溃，吞药自杀。伦纳德救了她，他本可以把她送进精神病院。但是，他认为，只有自己的悉心照料才能让她康复。

他带伍尔夫远离了伦敦，来到更适合伍尔夫居住和休养的里士满。

在伦纳德的精心照料下，伍尔夫的文学生命迎来了密集的盛放，所有的小说，都是在婚后写的。为了出版方便，他甚至为她成立了自己的出版社。

结婚 29 年以后，交织在他们的婚姻中的是，一部一部小说的出版和伍尔夫一次又一次的崩溃。

1915年3月，她的《远航》出版。这一年，她的精神病再一次发作，并且是一生中最严重的一次，历时9个月。在她生病期间，伦纳德悉心照顾，伍尔夫对她的一个朋友说："没有伦纳德，我可能早就开枪自杀了。"

1917年，伍尔夫夫妇买下了一架二手的印刷机，在家中的地下室成立了霍加斯（Hogarth）出版社。该出版社后来出版了包括艾略特、凯特琳·曼斯菲尔德、弗洛伊德在内的作家的作品，并出版了伍尔夫的所有作品。

伍尔夫迎来了她创作的高峰期。

1921年3月霍加斯出版了短篇小说集《星期一或星期二》，收录了伍尔夫的《墙上的斑点》与《邱园记事》。

1922年10月，出版实验性小说《雅各的房间》，这部小说被称为现代意识流小说的代表作。

1925年5月，小说《达洛维夫人》出版，这部小说可谓伍尔夫最著名的一部作品。

1928年4月，《到灯塔去》出版，获得法国1927—1928年度费米娜奖（Prix Femina）。

1931年10月，《海浪》出版。

1931年，创作《岁月》。

1932年10月，《普通读者》第二系列出版。

1933年10月，《爱犬富莱西》出版。

1937年，《岁月》出版。

1938年，长篇散文《三个基尼金币》出版。

1940年7月，《罗杰·弗赖伊传》出版。

1941年2月，完成《幕间》的写作。

完成这次写作的伍尔夫预感到她的又一次疯癫即将发作，而这一次，她没有信心可以度过。她给姐姐凡奈莎和丈夫伦纳德分别留下了一封遗书后，自沉欧塞河。在给伦纳德的遗书中，她写道：

> 最亲爱的：
>
> 我感到我一定又要发狂了。我觉得我无法再一次经受那种可怕的时刻。而且这一次我也不会再痊愈。我开始听见种种幻声，我的心神无法集中。因此我就要采取那种看起来最恰当的行动。你已给予我最大可能的幸福。你在每一个方面都做到了任何人所能做到的一切。我相信，在这种可怕的疾病来临之前，没有哪两个人能像我们这样幸福。我无力再奋斗下去了。我知道我是在糟蹋你的生命；没有我，你才能工作。我知道，事情就是如此。你看，我连这张字条也写不好。我也不能看书。我要说的是：我生活中的全部幸福都归功于你。你对我一直十分耐心，你是难以置信的善良。这一点，我要说——人人也都知道。假如还有任何人能挽救我，那也只有你了。现在，一切都离我而去，剩下的只有你的善良。我不能再继续糟蹋你的生命。我相信，再没有哪两个人像我们在一起时这样幸福。
>
> ——弗吉尼亚·伍尔夫

伦纳德一个人去认领了伍尔夫的遗体，独自参加了她的葬礼。他把伍尔夫葬在了家中的一棵树下，墓志铭是伍尔夫的小说《波浪》的尾声："死亡，即使我置身你的怀抱，我也不会屈服，不受宰制。"

伍尔夫去世后，伦纳德一直整理出版着她的遗著。1941年，遗作《幕间》出版。

这是一段怎样的婚姻呢？对伦纳德来说，我有时候觉得，这近乎是一段"献祭"似的爱情。

面对妻子一次又一次的精神崩溃，却又如此才华横溢。如此美丽，却又神经质一般的尖酸刻薄。毫无一家女主人应有的温良贤惠，作为丈夫，他的感受究竟是什么？

也许，这段婚姻早就超越了世俗意义的"男女之爱"。因为，但凡有一点对"男女之爱"的期待，都无法忍受29年的无性无子的生活和一次次面对一个精神病爆发的女人的癫狂情绪吧。

也许更像是一种对才华的珍视，对一个才华横溢却又饱受精神疾病折磨的女性小说家的"同情"吧。这个同情，不是怜悯，也许只是一种更加高级一点的"懂得"或者说是"接纳"。

可以说，没有伦纳德爱的成全，就没有伍尔夫的小说，再多的才华，都会湮灭在一颗子弹里。就像伍尔夫在她的《一间自己的房间》里提到的莎士比亚的妹妹：

在这篇文章中，我告诉你们，莎士比亚有一个妹妹，不过请不要在西德尼·李所撰写的《诗人传记》里查找她的生平。她年纪轻轻便已夭折，哎，连一词半句都没有留下。她的葬身处就在大象城堡酒店对面，现在已成为公交车车站。我深信，虽然她从未写过一个字，虽然她被埋葬在十字路口，但是她依然活在世上，活在你我的心中，活在很多其他女人心中。今晚，她们没有来到现场，是因为她们忙着刷碗，忙着哄孩子睡觉。但是，她依然活在我们所有人的心中，因为伟大的诗人是永生的，她们流芳百世，只需要给她们一个机会，她们便能有血有肉地生活在我们中间。

是的，伍尔夫就是那个“莎士比亚的妹妹”，同她的哥哥一样才华横溢。是伦纳德让这位“妹妹”的才华来到人间，流芳百世。

时时刻刻

这部演绎一本书与三个女人的电影，十多年前，有点看不懂。尤其看不懂朱利安·摩尔饰演的劳拉为什么要自杀。

可是多年以后，为了写这本书，我重新再看一遍这部电影，仿佛明白了许多。

我平时的工作很繁忙，因为创办了幼儿园、小学、家长学校和营地学校，每天需要应付很多事。有两个孩子，又还刚刚上小学，照顾她们很消耗时间和精力。我每一天的时间都被切割成碎片，想要安静地在书桌前坐几个小时都很困难。但无论如何，也比前几年，孩子更小一点的时候，几乎连一个小时安静的时间都没有的状态好多了。

有一天，孩子去同学家做客了，真是太好了，无论是晚上还是早晨，甚至中午，完整的一天，都属于我，我终于可以安安静静地在我的书桌前度过一整天。

家里并不是只有我一个人，还有刚好放假的先生。

早上五点多起来，看书、思考，琢磨难得没有孩子萦绕的一天，该写些什么。七点多，先生起床了，问我有没有早餐。才想起，根本没有做早餐。

于是出去吃。一路上，默默无语，一直想着早上书上的内容，以及自己想要写的东西。

“想什么呢？”一直的沉默让先生很不习惯。

“没有想什么。”

“说点话吧。”

“没有什么想说的。”

“跟我说说你要写的书吧。”

“说了你也不懂。”

“那是什么呢？”

“别吵了好吗？”我忽然大声地说。我意识到自己的情绪太过激烈了，转头去看走在身边的先生。他明显有些讶异和不高兴。

是啊，我怎么了？我似乎沉浸在自己的思绪里，拔不出来。我无法跟先生形容我在写什么。因为，我无法跟一个男人说明白，什么是女性主义，以及什么是女性主义文学。

我无法告诉他，在嫁给他之前，我的研究让我觉得自己并不适合结婚。因为婚姻生活让女性失去自我的过程，是我在年轻时研究的过程中最为恐惧的。

我也没有办法告诉他，早上我在看伍尔夫的《一间自己的房间》，没办法告诉他，年轻的时候，曾经想过，也许自己并不适合家庭生活，任性又随意，脾气暴躁。

我没有办法告诉他，结婚十年，在现实生活里，忘记了曾经的研究，一度让我沉浸在家庭的简单幸福中。但是有一天，我重新拿起过去看过的这些书，想到这几年在家庭琐碎中消耗掉的日日夜夜、时时刻刻，我感到害怕和恐慌。

我没法告诉他，当我看到《时时刻刻》里，劳拉开着车子穿过车流，来到一个旅馆里，想要结束生命时，我对那种绝望的理解。是的，即便，所有人都认为你幸福，你也认为自己幸福，但是，生命中总有一些时刻，当伴侣和孩子，当所有的责任都被抛到一边，只剩下你自己的时候，只剩下那个唯一的“自我”的时候，你看到自我变得如此虚无缥缈，不被别人在意的那种深切的痛苦和失望。

这在第二个孩子刚刚出生的第一年里，我无数次地经历过。先生就在我的隔壁房间，沉沉地睡去，孩子就在我的身边，翻来覆去，一会儿脚打在我的肚子上，一会儿手甩到我的脸上，我从床的这一头，转到那一头，一个夜里，转来转去十几次也无法躲避两个孩子的拳打脚踢。崩溃。绝望。一个人坐起来，坐在地上，把床留给孩子们，而我抱着枕头，失声痛哭。哭声压抑。是的，不能让任何人听见，不能吵醒任何人。不能吵醒先生，我不知道该怎样形容我的绝望，更不能吵醒孩子，否则，半夜啼哭，左右安慰的麻烦，比我的痛苦还要让人觉得沉沦。

是的，最深沉的悲哀在于，不知道可以向谁倾诉这种感受。因为，旁的人都会对你说：“你想多了，你的生活那么好，先生那么爱你，孩子那么可爱，你看，你有富裕的生活，你所要操心的事情实在没有别人来得多。”

你无法向别人解释你敏感的内心，你也无法声明，那个你不想放弃却早已被丢弃的“自我”是什么，你是孩子的食物，孩子的保姆，每一个孩子都拥有理所当然地向你索取一切的权利，你的时间，你的精力，你的青春，你的耐心，一切一切，这一切都被冠以“好母亲”的名义，而你，无法逃离。

你是先生的妻子，你得体大方，受过高等教育，一心一意照顾家庭，你贤良淑德，让人爱敬……

那么，这个半夜里，崩溃地哭泣的你，又算是什么呢？

你在伤心和疲惫中沉沉睡去，第二天，你头痛欲裂，但孩子却比平时更早醒来，摇醒你，要你继续消耗一天的精力继续陪她，无论你说什么身体不舒服，都没有用，这并不是她们在意的，她们需要一个精力旺盛又情绪平和的母亲。

你的先生也醒来了，于是，你强打起精神，给孩子穿好衣服，下楼，和阿姨打招呼。然后就是照顾两个孩子吃饭，忙得和先生说话的时间都没有。先生要出门上班了，照例和你打声招呼，你照例问一句：中午回来吃饭吗？然后若无其事地关上了房门，仿佛昨晚的一切，根本没有发生过。

是的，对所有的人来说，昨晚，的确什么也没有发生，没有人为此受苦，没有人为此受伤，除了你自己。

就这样，一次又一次的，只有你自己知道的辛苦和悲伤。你忙得连记录这种悲伤的时间都没有。照顾两个幼小的孩子，还要工作，你根本没有时间。不是没有时间记录，是你连悲伤的时间都没有。你几乎没有时间是自己一个人的，只要你睁开眼睛，你就是孩子的母亲，先生的太太，父母的女儿，员工的老板……你是一切，唯独不是你自己。你为一切负责，唯独不能为自己的悲伤负责。

你任由自己在悲伤中翻滚、挣扎，直至麻木、遗忘。

直到，有一天，你真的把这种悲伤完全忘记，因为你的孩子长大了。你拥有了完整的睡眠。

你觉得，过去那些，自己一个人度过的深夜的暗黑时刻是真的吗？

你无法向先生形容这种过去与现在交织在一起，自己都茫然无措的感受。大部分的男人都无法理解，如果你表达，他会想：是我没有做好吗？

不，没有谁做得不好。相反，大家都太想做好了。

就像劳拉一样，一个爱她的丈夫，所有人都说他好。他忠诚、爱护妻子、关心孩子，你怎么能够说他不好呢？

可是，劳拉知道，这是不适当的。自己与这种幸福的家庭生活格格不入，这不是她想要的。即使她的肚子里已经有了第二个孩子，但是，她觉得，这不是她想要的。所以，她想要离开这个世界。

可是，也许是肚子里的第二个生命留住了她。于是她没有吞下准备好的安眠药，她开车回家了，接回了大儿子，准备了晚餐，等待丈夫归来。和他度过生日。他觉得，太幸福了，这就是他想要的，在战争后，他找到一个自己爱的美丽妻子，拥有自己的孩子，过着幸福安定的生活，就像所有的中产阶级一样。这就是他想要的，但这不是劳拉想要的。

于是，生完第二个孩子，她离开了，异国他乡，独自生活。她成全了自己，却成了所有人眼里最坏的妈妈。她抛弃了两个孩子，这是一个母亲做的最残忍的事。她的大儿子因为这件事，长成了一个敏感的人，成了一个神经质一样的作家。写了晦涩难懂的小说，却在小说得奖后自杀了。当年，劳拉没有做的事情，她的儿子理查德替她做了。她闻讯赶来，只看到孩子的照片。丈夫，女儿，儿子都离开了。她对着儿子曾经的恋人说："如果，能说我后悔的话该多好。这就轻松多了，但这又有什么意思呢？当你别无选择的时候，后悔当初的选择又有什么意思呢？重要的是你能承受多少。就是这样，没有人会原谅我，那样的生活让我窒息。我想要真正的活着。"

多年前，我无法理解这样的感受，这样的话。但是，多年以后，在无数次面对自己，面对不断失去的自我而痛哭失声的时候，我想，我能够理解她说的。

有多少母亲，有过这样不为人知的感受呢。也许很多，很多。但大部分的母亲，并不会走上绝路。因为，她的孩子，在叫妈妈。她会快速擦干自己的眼泪，仿佛一切都没有发生，她会回到客厅，假装若无其事，甚至满面笑意地对孩子说："宝贝，妈妈在。"

2019 年，一部日剧《坡道上的家》撕开了"伟大母爱"的口子，把现代母亲血淋淋的现实袒露在观众面前，让人看了很不舒服，但并没有多少人可以说，不是这样的。很多母亲沉默了，这是她们从来不敢公诸于众的感受。

电视剧讲了一个公共审判的案件。

主角里沙子是一个全职母亲，丈夫负责赚钱养家，她则负责家务和接送女儿上幼儿园。

她收到一封法院的信，她被选为一起社会案件的陪审员候补，需要全程参与庭审。

这是一个母亲杀死孩子的案子。一名叫做安藤的妈妈，亲手把自己8个月大的孩子扔进了浴缸淹死，愤怒的丈夫和婆婆把她告上了法庭。

最开始，所有的陪审员都站在道德审判的高台上，尤其是两个同为新手妈妈的陪审员：把孩子杀了算什么妈妈?

但是，随着对被告了解越多，她们越来越难鄙视被告。特别是当她们发现自己生完孩子的状况和被告并没有什么本质的差别的时候。她们沉默了。

新生的孩子，疯狂却又无意识地掠夺着母亲的时间和经历，一个晚上无数次起夜喂奶的经历。破碎的睡眠。

安藤没有母乳，育儿师说没有母乳喂养的小孩长得慢，“我养不好孩子”的暗示，让她陷入了深深的自责和挫败感。

过来帮忙的婆婆，不理解她的恐慌，甚至讽刺她：就是因为你这么照顾孩子，所以连一个孩子都没法照顾好。

丈夫不理解她，对她说：听我妈的话，肯定能马上就让她不哭的。

安藤就是在这样日复一日的带娃中崩溃了，最后在恍惚中杀死了自己的婴儿。

安藤所经历的一切，几乎是所有女人成为母亲以后共同经历的，没有经验的新手母亲，破碎的睡眠，手忙脚乱的日常，以为是来帮忙其实是来讽刺和添乱的婆婆，还有不靠谱的老公……

没有一个坏人，但是，却又像一个个手不沾血的凶手。

不同的只是，安藤崩溃了，而有些妈妈还没有崩溃而已。劳拉出走了，而更多的妈妈选择了留在家里。

因为平时除了做学校，还有做咨询。接触过很多妈妈，她们在泪水中告诉我孩子出生后陷入抑郁的那个过程。这个比例到底有多高呢？因为有很多不曾诉诸于口的暗夜，并不确定这个比例有多高。

也不知道妈妈们是如何度过属于每一个人自己的那个暗黑的时刻。

走在去吃早餐的大街上，身边是深爱我而我也深爱的先生，我无法告诉他自己在想什么，我无法告诉他我为什么要写下这样的文字。在我每一天都看起来正能量阳光的背后，去写曾经阴霾的岁月。是的，他很难懂得。

我也很难希冀他能够懂得。

我只是，想跟妈妈们说，我懂，我经历过，从来也不说，但从不曾忘记。那日日夜夜，时时刻刻。

> "亲爱的伦纳德，你要去看透生命，就一定要去直视人生，去了解它的本质，当你最终理解它的内涵，就能去热爱它的灿烂。然后，才会将它放下。伦纳德，请永远记住我们在一起的日子，永远记得那些年，永远记得我们的

爱，刻骨铭心，生命里的时时刻刻。”

后来，我的孩子渐渐长大了，岁月冲淡了悲伤。在这个漫长的岁月里，佛经和心理学守护了我。直到有一天，我忽然理解了，佛说“众生皆苦”的含义。是的，生命是苦的。只有这样的理解，你才会珍惜，拥有甜的时时刻刻。若你以为，生命是甜的，那便一点苦也不愿意吃了。

好多年以后，我的孩子越来越可爱。我回首往事，已经想不起那些独自痛哭的夜晚，但我仍然想跟走过这条路以及正在走这条路的妈妈们说：我懂得，我经历过。

我想，也许正是因为害怕自己会忘记，我才会提笔写下这些文字，让它们封存在文字里。

写作，从来不自由

多年以前，我还在大学读书。已经读到了博士，不好意思再问家里要钱。于是，除了读书之外，多了一份工作，那就是，写小说。

那个时候，纸媒还是主流媒体。很多大报在周末的时候，都会有文艺专版。而我则为这个专版写情感类的小说。一个专版能容纳 3000 字左右。

星期天发刊，星期三中午之前就要交稿。

所以，差不多有一年的时间，每个星期三的早上，我都在氤氲的咖啡香气中，酝酿一个虚无的情感故事。

是的，虚无的。它必然不是真的，因为我只是一个一直在读书的学生而已，尽管岁月不容情，年岁并不算太小，但我的阅历依然只是个单纯的学生。

所有故事的灵感并不来源于我的生活，我也并没有一个情感专栏作家的自觉。故事的灵感来源于读书二十年中看过的几千上万个情感故事。

对我来说，那个时候，写作，更像一份工作。写一个专栏 400 元，一个月大概有 1600 元的收益，再加上学校给的一点补贴，或者一个学期再有一点什么工作，大概可以应付 2003 年上海当时的物价，养活一个人的花费。

这份收益我很喜欢，虽然不高，但因为所花费的时间也并不太多。差不多总是一个早上的时间。也就是说，如果把上午下午晚上，一天分成三个单位时间，我用一周 1/21 的时间努力工作，就可以支付自己剩下的 20/21 的花费。日子还是不错的。

剩下的时间干什么呢？自然是上课、看书、去图书馆、查资料、写论文。那个时候，我的研究方向是女性主义批评。读了大量的女性作家的作品以及女性主义批评的文章。

伍尔夫的《一间自己的房间》自然常在我的案头。也与我的心境和现实暗合。

> 倘若一个女人决意要写小说，她必须要有钱，而且还要一间属于她自己的房间。

复旦博士生的宿舍，四人一套，一人一间，如果感情好，打开房门，进入客厅，也能恰如一家。如果感情不好，关起房门，自然也能自成一格。我们宿舍，属于后者。所以，大部分的时候，我们总是关起各自的房门，一个研究古典文学，一个研究张爱玲，一个研究文艺理论，而我，则常常在女性文学与女性批评之间穿梭。

可以写小说赚稿费，有一间属于自己的房间。那个时候的日子，是好的。

可惜好景不长，在房间里虚构的故事，写了几十个之后，笔端便枯竭了，常常望着电脑发呆。我知道，苍白浅淡的人生经历无法支撑版面上波荡曲折的人生。加上，毕业论文的压力，越来越近，写论文、找工作……远比靠写小说养活一点微薄的人生靠谱。

后来我就不再写小说了。论文、教课才是我踏踏实实的生计。

毕业以后，做了大学老师。教的内容与所学，亦有些差距。转向了影视，好在，也算是文学的近邻。写的是剧本。写过几个提不上台面的纪录片的脚本。也并不很长。后来回头想，如果那份工作继续下去，很可能会转向写剧本。也许可以写个情感剧什么的，编点故事，骗点眼泪。

遗憾的是，大学老师的工作，只做了一年多的时间，就遇到了徐先生。我在上海，他在福州。我工作稳定，他创业飘摇。一年多中，往返的登机牌积累了一个小盒子以后，我决定辞去大学老师的工作，回到我的家乡福州。

刚回来的日子，很无聊。下一份的大学教职还没有开始，每天都在闲闲度日，有时候去徐先生的公司帮帮忙，但是，因为他们是科技公司，我的所长，最多也只能用于帮企划部改改错别字。忽然有一点不知人生何处的感觉。

于是，联系一个老同学，她在纸媒颇有资源。问她有没有可以介绍的杂志和报纸，写写专栏。她问我：你为什么要写专栏呢？我说：因为有点无聊吧。

她说：那你别写了。那都是别人的生计，你不要跟别人抢。

在那一刻，我才深深意识到，写作，从一开始，就不是自由的。在很大程度上，它是一种生计，是为稻粱谋的手段而已。

回想自己的写作历程，也是如此。在那一刻，我才真正明白了伍尔夫的这句话："倘若一人女人决意要写小说，她必须要有钱，而且还要有一间属于自己的房间。"多少年过去了，这句话一直萦绕在我的耳边。

这几年，我写过的东西不少，虽然也是发自心声，但我自己知道，公号的存在，其实也是"稻粱"。写作，从来不自由，也没有自由过。一个女人，倘若想要自由写作，她必须要有钱，而且还要有一间属于自己的房间。

所以，有一天，我忽然想到，我的愿望之一，其实是有一天，能够真正自由地写作。那个时候，是否意味着，我已经有了自己的房间，和足够有钱呢？

莎士比亚的妹妹结婚以后

莎士比亚的时代，早已不在。女性参与工作，投身写作，已经不是什么特别的事。然而，这个时代，虽然女性拥有了工作的机会，但似乎有一个更大的陷阱在等着她们。那就是，她们既需要在工作上取得成就，又需要在生儿育女的传统角色上不能忘本。

莎士比亚的妹妹如果生活在今日的中国，大概会是个中产阶级。生活在中国的一二线城市，做一个城市白领，收入还不错。姑且是在上海吧，她会在这座城市，找一个和自己门当户对的老公。

老公是个高级白领。出生于三四线城市的小康之家，父亲是公务员，母亲是一所中学的老师。他是独生子。从小到大，无风无浪地长大，该干嘛干嘛，高考的时候，离开家乡，考上了上海的985，很为父母长脸。大学毕业以后留在上海。姑且还在上海吧。有一份还算体面的工作，外企里的中层管理干部。收入还不错。因为是家里的独生子，所以，父母早早就为他在城市里置办了房产。上海的房子，买来不容易，先是买了套小的公寓。暂时没有什么房贷，生活还算潇洒。

这样的条件，在中国的一线城市，还算不错。但是一个人承担在一线城市一个家庭的支出，显然是有压力的。所以，娶的太太，最好也要有工作。

莎士比亚的妹妹，当然也是这个城市还不错的大学毕业的。她的家乡在离上海不太远的三线城市，姑且是嘉兴吧。家里也称得上小康，父亲经营着自己的一个小工厂，大概几十个人的样子，母亲在父亲的工厂里帮忙，一半是工作，一半自然是照顾两个孩子。因为是一男一女，所以家里早早就给哥哥在嘉兴置办了房产，工厂的基业自然也是想留给哥哥的。但是哥哥却偏好艺术，喜欢呆在上海，不愿回到嘉兴。父母常常为此唉声叹气。好不容易妹妹毕业了，父母就想托个关系，让妹妹进入公务员系统，或者找个学校，做个老师，在父母身边稳稳当当地生活着。可是，莎士比亚的妹妹，和她的哥哥一样，见惯了大城市的繁华，不愿意回到偏安一隅的小城市。毕业以后，在上海的一个自媒体找到了一份“公号狗”的工作，勉强和码字扯上了关系，就像是前世今生的一种回放。

这样条件的两个人，在一次聚会中认识了。互相觉得条件都不错，于是相处了一年多，也没啥波澜起伏的，觉得彼此合适，就决定要结婚。两边父母一见面，也觉得各种相当。唯一美中不足的是，房子太小。可是想到，结了婚，就要生孩子，总不能住在单身公寓里。

虽然 2018 年的上海房价，已经涨到了地球人难以企及的地步，莎士比亚妹妹的父母，心疼女儿，还是决定拿出给女儿的嫁妆，加上男方家里给的彩礼，大约 100 万的样子，卖了那套小的公寓，大概 260 万。凑在一起 360 万，也只够付了一套两室一厅一半的钱。剩下的就是靠贷款。贷了 15 年左右，每个月要还2万多的房贷。

小夫妻俩算了一下，男方年薪差不多30—40万，莎士比亚妹妹的年薪在20万，加上一些有的没的，一年下来有个60—70万的收入。扣除一年差不多30万的房贷，还能有个30—40万，对付生活，应该没有问题。

是的，两个中产阶级家庭父母，欢欢喜喜地为孩子办了喜事。办完喜事，两个中产阶级小年轻还去欧洲渡了个蜜月，朋友圈发出来的照片，天青水蓝的，羡煞一堆单身狗。

莎士比亚的妹妹感觉知足极了，一切似乎看起来很美好，比前几个世纪，自己的前世好多了。

公号狗的日子，虽然很辛苦，但好歹可以施展自己在文艺上的才华。有时候能够写了个10万+，部门还会小庆祝一下。日子对于莎士比亚妹妹来说，真是安乐又知足。两个人结婚，和两个单身狗的日子，似乎没有什么区别。结婚的时候，厨房虽然置办了昂贵的双立人，但是，从来没有开过火，城市的外卖服务真是方便又快捷。

可是，这样逍遥的日子，还没有过到半年，双方的父母就分别打电话来，催着两人生孩子。

婆婆在电话里说，她再过一年就退休了。两夫妻如果尽快怀上宝宝，她刚好退休可以过来帮忙带孩子。孩子最好生两个，当年他们最大的遗憾就是只有一个孩子，一直希望有个女儿。可惜政策不允许。现在，政策放开了，生两个最好，一男一女，年龄相近点比较好。这样一起就带大了，辛苦个六七年，孩子上了小学，婆婆就可以回老家了。

莎士比亚的妈妈在电话里说，女人呀，生孩子，不要太晚，太晚对身体恢复不好。当年因为和你爸爸忙着创业，没日没夜地工作，孩子要得太晚，月子又坐得不好，所以，现在还是一身的毛病。孩子，自然也是要两个好。虽然，拉扯你和哥哥两个长大，实在辛苦，但是呀，两个孩子，还是热闹。听说现在的年轻人都怕生孩子，怕没人带，你不怕。你婆婆年轻，又是老师，马上要退休了，到时候帮你们带个孩子，没问题。要是有了两个孩子，忙不过来，你妈也能帮帮忙。只是不知道哥哥结婚以后，娶的媳妇，外婆那边是否愿意帮忙。要是不愿意的话，只怕你妈也不一定帮得上。恐怕到时候，还得请个保姆。只是，上海的保姆，价格会不会太高。

莎士比亚的妹妹，顿时觉得有一种玄幻的感觉。一切明明还没有开始，婆婆和妈妈们，怎么就把戏排好了？自己只是负责过场的演员。按照她们写好的剧本，生孩子，还是两个。

但是，小夫妻两个还是按照剧本开始排戏了。已经结婚半年了，并没有避孕，怎么没有怀上呢？

于是，开始各种百度，才知道，即便是在排卵期，也不一定就能怀孕。看样子，这孩子，也不是在一起啪啪啪，就自动会有的，得讲科学。

于是，两个人开始了造人计划。都是上过大学的人，制定起计划来，自然没有问题，一切按照计划来。可是，啪啪啪本是一种情趣，当捆绑了生育的目的，似乎连激情都少了许多。

但是，有什么办法呢？哪一对夫妻，结婚以后，不需要去生一个孩子呢？哦，不，在现在的中国，是需要去生两个孩子。

他们是幸运的，并没有遇到其实概率不小的几年都怀不上，而是，按照科学的排卵规律，不到半年，莎士比亚的妹妹怀孕了。

看到验孕棒上的两条红杠杠的时候，莎士比亚的妹妹深深地松了一口气，感觉似乎对得起双方父母的交代了。可是电视剧里，男主听说女主怀孕以后，高兴地抱着女主转圈，然后呐喊着“我要做爸爸了，我要做爸爸了”，这种画面，并没有出现。莎士比亚的妹妹，拍了两条红线的截图，发给了老公。老公大概正在上班，回了一句：收到，现在在开会，晚上回去庆祝。

莎士比亚的妹妹，瞬间有些怆然，庆祝。庆祝什么呢？要不要在家里做一顿饭，烛光晚餐一下？当然不可能，家里这一年就没开过火，加上，她也不会做饭。那么，叫外卖，似乎也是不适合的，对肚子里的宝宝不好吧。虽然，严格意义上说，宝宝这会儿的大小，还没有一颗芝麻大。

怀孕了，一切好像和过去一样，又似乎和过去不同了。婆婆和妈妈都打电话来，叮嘱他们小夫妻，不能再老吃外卖了，不健康，对孩子不好。那么，到底谁来做饭呢？两个都是十指不沾阳春水长大的，却要过起柴米油盐、考虑去哪买菜的日子了。

日子实在不美，孕期的反应又大，自己做的饭菜太难吃，小两口为了谁做饭谁洗碗，常常闹得不开心。更糟糕的是，公司看到莎士比亚妹妹怀孕了，就变得有些不友好。孕妇不适合加班，熬夜对孕妇不好，一个孕妇的静好时光怎么能够应付公号狗颠倒的日常呢？好在，不是小公司，也不会一看到孕妇就把员工辞了，只是调到了行政部门，说是行政，其实更像是打杂的，薪水少了一半。本来还算宽裕的日子，忽然有一点点紧张起来。

从来不算账的两个人，开始用起了记账软件。买完房子以后，装修的钱家里给了一半，两个人微薄的积蓄全部用进去之后，才勉强可以住人。这一年下来，虽然没有月月光，可是两个人手上的积累，加上基金，加上余额宝微信理财通里七七八八的全部凑在一起，居然不足10万元。

两个人才真的开始慌张起来。生孩子虽然有医保，但是要是想要好的医院，七七八八也得一万多，月子里，总要请个月嫂，怎么得也得一万五，如果住月子中心，就要三四万打底，产假里只剩下基本工资，连买奶粉的钱都不够。婆婆还没有退休，没有办法来帮忙。妈妈管着爸爸工厂一大堆的账，嫂子也怀孕了，怕是也没有办法来帮忙。产假结束以后，总得请个阿姨，才能够去上班，上海的阿姨，一个月8000，加上孩子的开销……小两口这么一算账，发现因为生养这个孩子，直接从中产阶级下降到了贫困阶层。孩子还没有出生，就发现家里备了台碎钞机。

文学梦什么的，暂时都被扔到了一边，莎士比亚的妹妹忽然意识到，女人有了孩子，就像是飞鸟被穿上了铅鞋，日子有些寸步难行了。

让人既期待又害怕的事情终于还是发生了。幻想中的成为母亲的喜悦还来不及体会，生活就像一个大铁锤，狠狠地打了莎士比亚妹妹一个巴掌。

虽然请了月嫂，但像是供了个祖宗。婆婆来了半个月，说是腰酸背痛的，回了老家。家里公公打电话来，含蓄地表达做儿女的要懂得心疼和孝顺老母亲。亲妈来了半个月，嘉兴工厂事情太多，又急急忙忙回去了。月嫂一离开，莎士比亚妹妹忽然发现自己就像个残废一样，换尿布、喂奶、洗澡、夜奶……

男主实在受不了孩子一个晚上要醒来十几次喂奶，抱个枕头被子到隔壁房间去睡了……

原来，夫妻本是同枕眠，孩子哭时丈夫飞。

没有办法，只好请阿姨。阿姨来了，房间就紧张，没有睡好的两口子，每天情绪都很暴躁。

去上班了，想孩子。在孩子身边，想着上班的清静。莎士比亚的妹妹忽然想着，文学梦想是个什么东西，每天能够把孩子放平就算是老天保佑了。

每天晚上把孩子放平之后，她总要刷刷手机，看看公号。男主说，还不赶紧睡，白天又说没精神。莎士比亚的妹妹哀叹一声，放下了手机，这一刻，手机不是通讯工具，而是灵魂的需要。

……一日日，一年年，早教班、亲子班、培训课、选幼儿园、陪作业……

母亲的时间像地上的纸屑，被风卷起，飞到空中，打个转，不见了，不值钱。

上一世，莎士比亚妹妹的才华来不及施展，她的生命就结束了。

这一世，莎士比亚的妹妹，虽然参加了工作，可是生了孩子以后，她的梦也结束了。

坐在小区公园里，看着在树下刨沙的孩子，莎士比亚的妹妹不禁想：女人的命运，难道总是如此吗？

也许，改变莎士比亚妹妹命运的途径是有的，但是，它让你付出双倍、甚至更多的时间。

凌晨五点钟

记不得，在多少个凌晨五点钟醒来。透过书房的窗子，看过这座城市将明未明的样子。

孩子还在酣睡。呼吸深沉。再过两个多小时，她们就将起来。

先生有时候起来上个厕所，经过我，懵懵懂懂地说两句，又去睡了。

只我一个人，一杯咖啡，一本书，一部电脑。

一天当中，似乎只有这两个小时，是真正属于我的。因为，家人孩子睡觉，微信也不会随时响起。

一年的 200 多本书，大部分，都是在这段时间里看的。公号里的许多文章，也是在一杯咖啡之后，孩子醒来之前写的。

只有老大的时候，我的时间是够用的。间或还能跟朋友聚会一下。可是生完老二，我才知道，什么是连上厕所的五分钟都没有。原来块状的时间被婴儿这个粉碎机切割过以后，消散在吃喝拉撒的岁月里。

白天的工作，一个也少不了。要组织的会议，要完成的工作，要谈的合作……

属于我的，只有我的凌晨五点钟。日复一日，年复一年。

五点钟醒来，原来也是不敢想的。因为晚上陪伴孩子睡觉的过程中，睡眠已经破碎不堪，恨不能白天再有几个小时来补充，又怎么情愿牺牲清晨这最适合酣睡的两个小时呢？

老二出生后大约一岁，子曰三岁多时，子曰似乎还没有适应家里有了另一个孩子的状态。有一阵子，总在半夜惊起，起来以后就是尖叫和哭泣，无论怎么哄都没有用，就是不停地哭，不停地尖叫。只能等她哭累了，才能再去睡，每天晚上差不多总要折腾四五十分钟的时间。

开始以为只是一两次，可是夜夜如此，竟然折腾了半个多月。

作为母亲，每个半夜，除了陪她抱她，完全无能为力的那种自责和恐惧，简直难以描述。

那段时间，我觉得自己简直快疯了。为孩子创办的花学园，经过一年多的家庭园时代，到了要转型的时候，每天都在思考着下一步怎么办。先生的公司也在快速发展期，每天都有处理不完的事务。回到家以后，要陪伴孩子，还要承受因为白天带孩子而变得情绪不佳的老父亲。

而无论日子怎样琐碎艰难，情绪如何难以抑制，我都不断地提醒自己，不可以对孩子发脾气。妈妈的情绪对孩子很重要。

那段日子，我觉得自己都快被撕碎了。博士期间，我曾经选修心理学，并且拥有了执业资格。可惜，在那段纷乱的日子里，心理学再也无法安抚我时时刻刻濒临崩溃的心。我相信，这样的日子，只要再两个月，我大概离抑郁症也不远了。

好在，子曰的状况在看了医生以后，莫名其妙地就好了，开始安眠。而我，也有一点点时间可以思考，我该怎么办？

有时候，夜入深沉，家人全都睡去，只有我一个人，对着自己的内心发呆。

我的生活怎么了？这是我吗？这是我想要的生活吗？读了那么多，好不容易找到的人人羡慕的工作，就这样让渡给了生儿育女的日常吗？这是爱吗？爱是牺牲吗？我把自己牺牲得这么彻底，为了家庭，把工作辞掉。又为了孩子，创办了学校。每天忙完工作，剩下所有的时间都用来照顾孩子……那么，我呢？我是谁？难道我存在的意义就是这些吗？

很长的一段时间，我惶惑而不安，游离又茫然。白天，我继续上班，像一个正常人一样，面对先生和家人，做着大家认为我该做的事。

这世界上，只有一个人知道，我的心空了，我的世界坍塌了。那个人，就是我。

我的好闺蜜，常年在北京，那段日子，一直跟着一个北大的哲学博士学习。博士是个出家人，法号圣玄。

我的闺蜜，多年受抑郁症困扰，拖延症严重。自从跟随圣玄师父学习，心意平和了许多，人也开始变得积极起来。她常常跟我说佛法的好处，但我还是茫然。

对于佛法，我全然陌生。只是因为认识了笃信菩萨的先生，学会了进庙烧香。

有一天，闺蜜跟我说，师傅今天下午有两个小时的空闲时间，你要不要来？

鬼使神差，也可能是生命留给我的最后一根稻草。我马上买了机票，下午就到了北京。

我不记得自己和师父聊了啥，大概是那些仓皇和茫然吧。其实，那个时候，随便有个什么人听我说话都好。只要有人听，就能安慰到我。师父似乎很沉默，最后同我说：要学会和自己的情绪和平相处。聊完以后，我便要离开。师父邀我念经。加入一个读经班，功课就是每天早上 5 点起来念经。我同师傅说：我做不到。我的问题就是，我的时间已经完全被工作和养育两个孩子榨干，干得像油渣一样，连思考人生的时间都没有。所以我才崩溃到寻求帮助的。现在，却要我每天再拿出两个小时。是要把我榨成粉末吗？这不可能。

离别时，闺蜜给我一本薄薄的《药师琉璃光如来本愿功德经》，让我回去慢慢看。

飞机上，思绪茫茫，不知归处，于是翻来看。看到：彼世尊药师琉璃光如来，本行菩萨道时，发十二大愿，令诸有情，所求皆得。

十二大愿，一条条看下去，不禁泪流满面。不知道自己是被感动，还是有情绪需要宣泄。幸而机舱不满，一个人独坐一排。否则，同座不知道该怎样怪异吧。此行的收获就是，回到家的第二天，我五点起来了。最初看《药师经》，后来又看了很多经文，更多的时间是看书，以及写作。

从那以后，大部分的时间，我都在早上五点多醒来。这么多年过去，岁月有功，不知看了多少书。与凌晨做了好朋友。

多年以后，回想此事。顿觉：迷者师渡，悟者自渡。圣玄师父所要示现的佛法世界是扇门，在当时的那个契机打开了。然则，而后的修行却全靠自己。自己若不勤加练习，再多的人给你指路也没有用。

下午三点半

两个孩子稍大一点以后，都上了幼儿园。白天基本不在家，把对外的工作都安排在上午。中午可以回家午睡一下，然后下午的时间，大半便是自己的。

有时候，在咖啡馆，有时候在家里的书桌前。看书、写作或者备课。因为这几年，常常有讲座，所以，也有许多时间花在准备讲座上。

每一次要准备新的讲座，我都需要很长时间的阅读，梳理自己的逻辑。在多次的经验之后，我知道，我需要的一次性投入时间，大概是 5 个小时以上。也就是说，我需要一次性专注超过 5 个小时，才能感觉有一个完整的思路。

什么意思呢？不是 1+ 2+ 1+ 1= 5，不是碎片的东一个小时，西一个小时，凑起来的五个小时。是在平时大量阅读之后，最后坐下来，整理阅读的笔记，寻找讲课的线索，排布讲课的逻辑，几乎一动不动的 5 个小时左右的沉浸时间。

心理学上，有关于“心流”的研究。那 5 个小时，就是我能够产生心流的准备时间，然后，再有 3 个小时左右，一般就能整理出来自己比较满意的讲课逻辑。

然而，下午三点半，离五点半孩子放学，已经只有两个小时，即便是阿姨接孩子放学，六点半也到陪她们吃饭的时间了。幼儿园的时候还好一点，上了小学，吃完晚饭，就是写作业。陪完老大陪老二，哪里有我的 5 小时？

是的，几乎没有。

更多的情况是，电脑上才写了一半，就要匆匆放下。强迫自己从刚刚进入思考的状态中抽离出来，去面对孩子无止境的要求。一直到晚上，把两个孩子“放平”睡去，一天才算和平结束了，而我已经没有自己的时间了。

下午三点半，钟声只是提醒我，属于你自己的时间只有不到三个小时了。在这三个小时里，无论你可以还是不可以，愿意还是不愿意，你都必须完成你的思考，结束你的工作。

我的手指在键盘上翻飞，仿佛加快手指的敲击速度就可以提高思考的效率一样。

一个妈妈，一个需要工作又需要养育两个孩子的妈妈，是没有自己完整的 5 个小时的。每每念及此，就会想起博士生宿舍的那段时光。

午睡后醒来，一杯咖啡，在电脑上慢慢敲击着自己的思想。卡顿了以后，便翻翻资料，从午后消磨到深夜，所有的时间都是我自己的。现在才明白，那是奢侈的。

有时候，我难免悲伤地想，如果我是一个男人。到了下午五点半，如果我的灵感需要一刻钟的休息，我完全可以走到咖啡馆外的空地上，抽一根烟，也许还会故作深沉地望一望天，然后掐灭烟头，在地上狠狠地一踩。回到位置上，继续完成今天要完成的思考。我不需要打电话，因为家里懂事的老婆，会把孩子照顾好的。我甚至连不回家吃饭的招呼都不用打，因为她们已经习惯了不用等我吃饭。她们知道，我的工作很重要，做到几点都没有关系，只要晚上回家睡觉，没有外宿就可以。

蕾切尔·卡斯克说：男女真正的不平等是从有了孩子以后开始的。

深以为然。这种不平等不是源于政治的，而是源于心理、文化以及无数代母亲的耳提面命。没有哪一条法令规定母亲下班后必须马上回家陪伴孩子。但大部分的母亲都会顺应自然地乖乖收拾好心情回家。没有哪一条法令规定爸爸可以不用下班以后陪伴孩子，但是大部分的父亲，在选择和工作在一起，还是回家陪伴孩子的时候，选择了工作。

从此往后，父亲和母亲在社会地位和成就上的差别越来越大。岁月有功，时间去了哪，结果就在哪里呈现。

在大学里工作的时候，取得成就的总是男老师比较多，女老师多半成果平平。年轻的时候也会想，难道男女在智力上真的有差异。可是，等到经历生活，结婚生子，我才知道，男女最大的差异，其实是时间分配的差异。除非，女人不生孩子。

钟声敲响了五点半，我需要出门去接孩子了，所有没有看完的书，没有写完的文章，都必须停留在那个时刻，甚至必须中断思考。我的孩子在等着我接她们放学。离开家，发动车子的那一刻，我在想：一个成为母亲的女性，如果想在社会上获得和男性一样的成就，她所付出的努力，必然至少是男性的两倍，也许更多。

男人向左，女人向右

在政治上，关于男女平等的问题，看起来，似乎已经解决了。女性拥有跟男性相同的权利。我国 1954 年就将男女平等写入宪法。

1995 年 9 月 4 日，在北京举行的联合国第四次世界妇女大会的欢迎仪式上，中国政府第一次公开向国际社会承诺，把男女平等作为促进我国社会发展的一项基本国策。2012 年 11 月，党的十八大报告首次将男女平等基本国策写入全国党代会报告。

在这样的情况下，男女平等似乎不是一个值得讨论的政治问题。早就平等了，人们会这么说。

但是，事实的情况呢？事实的情况看起来也是平等的，尤其是计划生育政策开始执行以后，无论男女，从政策上都只能生育一个孩子。中国的女孩得到了空前的重视。无论是她们的生存条件还是教育水平，都达到了空前的水平。大学里甚至出现了女生比男生多的状况。

他们一起奔向工作，一切看起来都很美好。然而，正如英国女性作家蕾切尔·卡斯克所说的：男女真正的不平等其实是从女人生了孩子以后。

从此，男人向左，女人向右。

男人在职业上不断寻求晋升，而女性则在职场上节节败退。

多年来，我一直在思考，男性和女性在职业上的差距究竟是从哪里开始的？是像分析师们说的，男性有更主动的意愿和拼搏的精神吗？显然不是的。与其说这是一个性别先天的差距，毋宁说，这是一种文化生成。

近十几年，有一种很时髦的养育法：男孩要穷养，女孩要富养。据说富养女孩的原理是，从小让她见过好东西，就不会在以后被金钱诱惑。看起来是一个没毛病的设想。但事实是，它先天就设定了，女性比男性更容易上当受骗，被金钱物质诱惑。或者说，即便男女两性同时受骗，女性也会吃亏程度更高。

想象一下，一个男孩和一个女孩坐在操场边，一个穿着脏兮兮的运动短裤，一个穿着整洁的蕾丝裙子。爸爸对儿子说：去吧，你是一个小男子汉，男子汉可不能跟个姑娘似的哭哭啼啼或者玩布偶。妈妈对女儿说：呆着别动，安静是淑女的样子。

岁月流逝，从此，一个奔向广阔世界，一个却只能陪着布娃娃过家家。多年以后，他们分别长大，成家立业。一个说：好男儿，志在四方，小小家庭怎能困住我？一个说：除了家，我还能去哪里？

我曾经以为这样的时代，早就过去了。男女早就平等了，却没有想到，这样的画面会以另一种面貌出现在现实中。

男人和女人结了婚。长辈们会对男人说：你要更努力了，有了家庭不一样，责任更重，要去赚更多的钱。长辈们会对女人说：不要太辛苦，很快就要生孩子了，生活还是稳稳当当比较好。

女人一旦生了孩子。男人会告诉自己：养孩子，那是女人的事。我的责任是赚钱养家。而女人，不管是否心甘情愿，最终也只会对自己说：回家吧，孩子很重要，孩子不能没有我。

即便，生完孩子，还能够继续工作。两个人早上一起离开家，男人一心想的都是今天要做什么，有哪些应酬。而女人的大脑里则有 50% 的内存落在了家里：我不在家孩子怎么办？婆婆会不会把卫生做清楚？保姆会不会给孩子吃乱七八糟的东西？啊，千万别生病才好。

下午 5 点半，男人还在和部门一起开会讨论下个季度的业绩考核，女人已经早就收拾好了，准备下班回家。部门主管突然说，今天要加班。男人高高兴兴地答应了。女人则颓然地坐回座位，挣扎了一阵以后，怯怯地敲开主管的办公室："今天婆婆一个人在家带孩子，婆婆年纪大了，身体不太好，脾气也不太好，如果我太迟回去，孩子会……"

主管从电脑后抬起头，看了女人一眼，叹了口气……

女人抓起了包，万分抱歉地跟部门的同事说："谢谢，谢谢大家，非常感谢，明天下午茶我请。"然后飞也似地冲出了公司。背后同事在议论什么女人生了孩子，工作态度就是不行。哎，以后还是不要招有孩子的妈妈来工作吧。

几年以后，男人一路晋升，做到了高层。女人则在一次又一次的请假带孩子看病、送孩子上学中，失去了所有的晋升机会，职务一降再降，薪水不仅没有涨，甚至比结婚前还要低。

可是，陪伴和养育孩子的时间，还没有到头。小学、中学，作业、兴趣班、补习班……一个也少不了妈妈。

两天、三天、五天，一年、两年、三年、五年……

八个小时之内求生存，八个小时之外求发展。男人比女人每天在工作中多出几个小时，累计在一起，超过了 10000 小时，终于让自己获得了在家里至高无上的经济地位。而女人花在孩子身上的 10000 个小时，却还迟迟未见效果。

人到中年，男人风光满面，意气风发；女人鬓白如霜，垂头丧气。中年男人是感情市场的奢侈品，人人争抢；而中年女人则成了情感世界的地摊货，无人问津。

岁月经年，发生了很多让人很不开心的事。但终于，有一件开心的事情发生了。孩子终于上了大学，像小鸟一样飞走了。这个时候的男人，不过五十岁，事业发达，各种应酬。而女人，细数人生，朋友不多，工作也不过了了，差不多已经在等退休了，大概只有小区公园的广场舞，给你留了一个方寸的位置。

无需等到人鬼殊途，从生完孩子，男人和女人，便形同陌路。一个向左，一个向右。

女人和男人相比，在工作上的差别，不是输给了能力，而是输给了——时间。

一个女人若要写作

一个女人若要写作，最大的问题可能是她没有自己完整的时间。

结婚十年以来，养育两个孩子，实在是没有多少时间是完整的。因而只能断断续续地写公号，断不敢有写书的奢望。这几年，即便是公号的写作，也大多是在早晨5点多起来，家人和孩子还在熟睡中完成的。六七年下来，也积累颇多。

然则，今年初夏，便动了写书的念头。

某日的早晨，我依旧在5点钟左右自然醒来。这几年有读经的习惯，所以，晨起在读《法华经》，自然是读不完的，读了几个章节，大概静坐了一会儿，想了一下这几天的工作重点。差不多已是6点15。想了一下，离两个孩子醒来，大概还有一个多小时。于是，打开电脑，准备开始写作，敲下了标题。

正准备开始，先生醒来了，平时他总要七点左右起，今天因为要出差，所以提前起来了。可是阿姨还没有起，先生是个一点家务也不会的人。所以，只能着急慌忙地帮他准备早餐，可也就是烧个水，帮他冲个便捷代餐的水平，然后有的没的说两句。又坐回电脑前。已经是6点半。

不到十分钟，厨房里响起了叮叮当当的声音，想是阿姨起来了。真想把自己的耳朵堵住，可是阿姨却来找我：昨天姐姐妹妹说早上想吃燕窝，泡燕窝的椰子汁没有了，能在朴朴下个单吗？认命地打开手机，下单。思绪已经支离破碎，可是还是强行把自己拉回电脑，敲下两行字。

房间里忽然响起小妹的叫声：阿姨……深远绵长。我虚弱地叫一声：阿姨，小妹醒来了。心中默默祈祷小妹能再睡个回笼觉，才6点45……

可是小妹今日似乎精神十足，跑将出来，看见我在写作，殷勤地说："妈妈，我给你泡咖啡吧？"我气若游丝地说："我已经喝过了，妈妈在写东西，你能够让妈妈写完吗？"

"好。妈妈，我要英语打卡。"

"额。好的。"我在既欣慰（啊，孩子多么自觉）又心痛（啊，我的时间）中，帮她打开了打卡程序，陪她打卡。

几分钟过去，小妹的英文念得真可爱，我不禁又有点飘然。正自觉得，岁月呀，虽然支离破碎，也是可以接受得吧。

忽然，门铃大作。什么人，这一大清早，转而颓然想到，应该是送货的朴朴。垂头丧气地去开门，接过朴朴快递员手里的椰子汁，快递小哥年轻又礼貌。对我轻快地说：祝你清晨愉快。

不，我一点都不愉快。我已经快哭了。

总算小妹掉头去做自己的事了，7点5分，我又坐在电脑前，已经神思恍惚，想起昨天晚上答应了姐姐7点20叫她起床。属于我的时间，已经不到15分钟，但我还是继续顽强地敲下了几行字。

7点9分，姐姐房间里传来一大声的催促："妈妈……"

啊，我终于崩溃了，认命地合上了电脑。对着姐姐的房间大吼一声：自己起来，好吗？不要叫我！

我的口气中带着崩溃的责备。我知道，我要完蛋了，因为这样的口气，她一定又要生我的气了。

果然，当我关上电脑，来到她的房间，她背对着我，背影充满了倔强。我无奈地摸着她的后背，告诉她早上我发生了什么，她开心地哈哈大笑。

然后，就是弄早餐，吃早餐……直到8点10分，她俩离开家门，我才忽然感觉到世界清静了。

深深吸一口气，喝一杯续命咖啡，再次打开电脑，写下了这句话：一个女人若要写作，不仅是要有一个自己的房间，她还不能有孩子。

> 看着那四个响当当的名字，心想，乔治·艾略特究竟与艾米莉·勃朗特有什么渊源？夏洛蒂·勃朗特不是根本理解不了简·奥斯汀吗？她们四人全都没有孩子。除了在这一点可能有关联外，随便哪四个人待在一间房间里，也不会比她们这四个人更不融洽。
>
> ——《一间自己的房间》

一间自己的房间

不记得是花了多少时间，才让我先生明白，有一个属于我自己的房间，是我的生命需要，而不是我不爱这个家，想要离家出走。

可是，这么多年过去了，这个愿望还是没有实现。并不是我没有房子，而是，没有一个房子是只属于我自己的。只有我有钥匙，只有我可以决定，谁可以去，谁不可以去。想要装修成什么风格，就装修成什么风格。

有一段时间，我的工作忙到了让人疯狂的地步：新落成的云开小学正在装修和招生，大量的宣讲工作、招聘工作、招生工作。而作为成年人终身学习的云初成长学院几乎每个周末都有课。

我的时间表大概变成了：早上 5 点多钟起床，看书、写作；7 点多钟和孩子们一起吃早饭，然后她们上学，我上班；下午 3 点钟开始，备课、写作；晚上 6 点半钟必须到家，陪两个孩子吃饭和写作业；直到 9 点半，孩子洗漱睡觉；10 点钟我才能回到自己的房间，洗漱一下，检查一下微信；11 点睡觉。周末全部都是上课。几乎没有一日是空闲的。

那段时间，我觉得自己就像一只蚕一样，被包在了密密的茧里面，一刻也呼吸不了。

有一天，助理跟我说："子曰说，我妈最近快枯萎了。"

是的，我快枯萎了。整个人觉得既暴躁，又无处宣泄。于是，我画了一个“冰山”。冰山是什么呢？其实是一个心理学工具，来源于弗洛伊德，发展于萨提亚。这个工具帮助我整理情绪多年，后来被我发展成了云初成长学院的一个入门课。

当我画完冰山以后，我知道，自己的情绪是深深受困于我对“自由”的渴望。我就在想，我如何才能够得到它呢？家里，显然是剥夺我自由的主战场，工作亦然。那么，到哪里我才可以找到这个自由？离家出走去旅行什么的，显然都不是太现实。

于是，我走进了一家房地产中介，我知道，我需要一间属于自己的房间。在那里，我的思想、我的灵魂、我的时间都是属于我自己的。

我对房产中介说：我需要一个在公园边上的房子，这样子，当我看书和写作疲惫的时候，我可以到江边走走。

房产中介翻出了一些房源，很巧，有一个房源居然是我的学员的。于是，我离开了房产中介，给这个学员打了个电话。

恰好，她这个房子就在江边，正准备出售，但现下行情不好，不好卖，可以先借我一段时间。

我算了一下房租，虽然租一套三室一厅的房子，对我来说略奢侈，但是，想一想，就在公园边上，而且少了中介费，也不用押金，一切都很方便，就毫不犹豫痛痛快快地租下来了。

为了避免先生觉得我要离家出走，拿到钥匙以后，我请他去看了一下，告诉他，我的工作状态实在需要我有一间完全属于自己的房子，不受打扰地思考、备课和写作。我告诉他，我不是离家出走，我只是白天不需要上班的时候，呆在这里。下班我就准时回家陪孩子。

先生在万难中接受了，尽管他觉得实在是难以理解。但是，大概是出于多年包容我的任性的习惯，他还是同意了。

所以，我拥有了一个属于自己的房间，哦，不，是房子，足足半年的时间。在这半年里，我看了 100 多本专业书，备出了三门课，写了几万字的东西。

每一个下午，当我完成写作或者备好一个课程内容的时候，我便推开阳台的门，面对着静流的闽江，心里想着：自由的空气，真好呀。

遗憾的是，半年以后，这个房子卖掉了。好在，因为有了这半年的休整，那种快被工作和生活挤得喘不过气来的感受，慢慢消失了。也许是因为我的“自由”的渴望得到了一定量满足的关系。

只有我自己知道，这半年的经历，让我下定了一个决心，在未来的几年里，我一定要拥有一个自己的房间，哦，不，房子。独属于我自己的。无论先生承诺了在新家里给我一间多么豪华的书房，都无法改变我的这个愿望和决心。因为，它不是物质的需要，而是一个灵魂的需要。

一间房子，一年 500 英镑

假如你决意成为作家或者诗人，你必须每年拥有五百英镑，还要有一间带锁的房间。

一年五百英镑象征着你有能力去冥想，带锁的房间象征着你有能力去独立思考。

……而伟大的作品正是思想的产物。

思想的自由取决于物质财富，诗歌就是取决于思想的自由。何况女人向来穷困不堪，不仅仅是过去的两百年里，而且有史以来便是如此。

——《一间自己的房间》

伍尔夫说的一年 500 英镑，换算成人民币，应该是多少钱呢？

据一些书籍记载，1900 年左右，一个普通工匠的日工资是 9 便士，一个教师的年工资是 30 英镑。同时代小说《福尔摩斯》里说有人收了 24 只大鹅卖了 12 先令。由此我们简单地假设计算一下，一只大鹅大约在 8 斤左右，现在一斤鹅市价约 10 元一斤，估算为批发价，那 24 只鹅就是 1920 元，那么一英镑相当于 2016 年人民币约 3200 元。

那么，一年 500 英镑，大约就是人民币 15 万元。

算完以后，我在想，对于一个女人来说，想要自由写作，一年15万，到底够不够呢？怕是不够的。因为，还需要一套房。

假使这个女人不结婚，不生孩子，又有工作，那么一套房加一年15万的收入，够不够达到自由写作的标准？

我生活的城市，属于中国的二线城市，福州，平均房价在2万元左右，如果是像那半年我居住的房子，在江边，那么均价大概是3万。

一个女人独居，大概无需多么大，两室一厅足以，且算70多平方。加上装修，大概需要200万左右，并不在特别好的位置。倘若要在江边，利于散步写作的，可能更高。遗憾的是，江边多是豪宅，动则150平方，总价大约就要将近500万，并没有让人心动喜悦、临江而居的小房子。

好吧，就当200万吧。一次性付款的能力，对于一个独居的女人，大约是没有的。所以，少不得需要贷款。如果按照100万20年按揭，按年利率4.9%算，等额本息还款方式，每月固定还款大约是6544元。也就是一年差不多在8万元左右。

年收入15万，减去8万元，只剩下7万元的生活费。我疑心伍尔夫是不是算错了，每个月5000元的生活费够不够支持一个女性自由写作呢？

要喝咖啡怎么办？咖啡还要手冲的，一杯总要30—40元，不喝咖啡，又怎么写作呢？每个月总要置办些衣服化妆品什么的，2000元大概还不够买一件过得去的品牌大衣，倘若半年左右再要置办个包，这7万元，很快就见底了。

所以，时过境迁，一年500英镑，怕是不够了。这是在二线城市，若是在一线城市，还要更高。更不用说，作家为了体验生活，每年总要四处走走。一个独居的女人，难道是发发坐动车去黄山的朋友圈，就能够引起几个羡慕的？

大约总要披上大披肩，戴上遮住半张脸的大墨镜，跑到圣托里尼这样的地方，去似有若无地凹几个造型，再状若有意无意地发一下“人生沧海，不入此境，何处是桑田”之类的感慨，才叫那些结了婚生了孩子寸步难行蓬头垢面的妈妈们心生羡慕嫉妒恨。

天哪，一年15万，在这样的时代，那是断然不够的。

总要一年30万才好。但是，一个单身的女人，在一座二线城市里，背着房贷，去哪里赚着30万呢？

我忽然发现：一个女人，若要写作，不仅要有时间，还要有钱。

谈谈钱，才能不伤感情

正像伍尔夫说的，女人倘要写作，不仅需要自由，还需要有钱，很多钱。

上半辈子，我都耻于谈钱。认为谈钱，俗。很长一段时间，我都视金钱如粪土，一副吃空气就能长大的样子。

后来，我发现这是病，一种严重的知识分子通病，姑且称为“文青病”吧。

什么是文青病呢？全称文艺青年病，无限接近小资的症状。酷爱风花雪月咖啡馆，看书写诗无病乱呻吟。

这个病，我得了十多年了。一直在治疗，最近才被治愈。

遇见两个好医生，一个是徐先生，一个是合伙人金钱燕。

以前，我看书，主要是文史哲心理学为多，认识徐先生以后逐渐会看一些经济管理类的书，但也是走脑不走心。

直到认识金钱燕，才发现真的有人把“赚很多钱”作为自己唯一坚定的人生目标。

每当燕子讲起她赚钱的宏伟目标时，我和莫蓉都会发现整个房间金光闪闪。刚开始的时候，我们都有点不习惯，因为莫蓉同学也是深度文青病患者，所以难怪，我们之前创业的财务状况惨不忍睹。

这是通病，真的得治。

渐渐的，我们都被燕子总强大的金钱逻辑和执行力折服了。但是，我和莫蓉都有一个特别大的人生疑惑，那就是燕子总其实是一个生活很简朴、日常花钱很少的人。她要赚那么多钱干什么呢？

后来我们看 Facebook 创始人扎尔伯格、IKEA 创始人坎普拉德的故事，渐渐明白，世界上果然有只喜欢赚钱不喜欢花钱的人，那就是把赚钱作为了理想的人。赚钱在这些人看来，不仅是一种解决生活问题的工具，更是一个永恒的动词。

燕子总欣赏简七理财的创业历程，常常在我们开会的时候叨叨叨，被她安利得没办法，我订阅了一个。认真听完之后，默默把书桌上心理学类的书籍和教育学类的书籍全部换成了财经类的书籍。

看了一个月之后，来谈谈我的心得。

对金钱的认识，不是来自学校，而是来自家庭

这是一个很重要的发现，来自《富爸爸穷爸爸》。这本畅销书一直如雷贯耳，可我并没有真正读过。我曾猜想这样幼稚的书，有什么好读的。所以，无数次我从书架上、书店里掠过它，去找其他我认为更加高明且高深的书。

这种行为是多么地愚蠢，我想以后我对书的评判一定会在我自已读完它之后。

看到这个观念的时候，我忽然明白为什么这么多年我大手

大脚、视金钱如粪土，却最终没有破产的原因究竟是什么。

缘于童年非常朴素的来自于父亲的金钱观。

我的童年并不富裕，甚至可以说家庭经济略有些紧张，可我的父亲却是一个天生有着理财智慧的人。

他有朴素的民间智慧：老鼠还有存三年粮。所以，他一直有储蓄的概念，这一点，我相信深深地影响了我，使得我也能够有关于储蓄最基本的意识，从而没有滑向财务崩溃的深渊。

我记得小的时候，父亲怕我们不能够理解这个概念，给我们讲了一个故事：

有一家人，是卖红糖的。他们家很穷，一年下来卖红糖赚的所有钱，刚刚够生活日用。到了年关，丈夫长吁短叹，说这一年又是白做了，到了年关，没有剩余。这时候，这家的妻子却拿出了一罐红糖：谁说没有剩余，这就是这一年我们家赚的钱。丈夫疑惑红糖的来源，妻子告诉他，每次卖红糖的时候，她总会偷偷掰下一角存起来。因为很少，所以并不会被注意。可是一年下来，积少成多，就有了这么一大罐红糖。

真是一个非常棒的故事。因为相类似的故事，出现在另外一本赫赫有名的理财书籍中——《小狗钱钱》，这本书被称为《富爸爸穷爸爸》的童话版。

养成强制储蓄的好习惯

在这本书里，富有的金先生给小主人公讲了一个著名的金鹅的故事：

> 从前，有个农夫，他每天的愿望就是从鹅笼里捡一个鹅蛋做早饭，可是有一天他却在鹅笼里捡到了一个金蛋，非常高兴。第二天，他又捡到了一个金蛋，这样的情况延续了好几天。可是这个农夫是一个贪婪的人，他对自己的鹅非常不满意，因为鹅没法向他解释是怎么下出金蛋的，否则也许他自己就可以制造金蛋了。他还气呼呼地想，这只懒惰的鹅至少每天应该下两个金蛋，这么想着，他的怒火越来越大，终于怒不可遏地把鹅劈成了两半。从那以后，他再也得不到金蛋了。

后来，有一段时间，子曰同学的睡前故事，都改成了《小狗钱钱》，我问她：如果是你，你会把鹅杀了吗？她说：当然不会。

是，这是小孩子都懂得的浅显道理，但是大部分的大人都做不到。这里的金鹅其实就是我们的存款，而金蛋就是利息。

在简七理财的课程中，第三课《告别月光，从财富水池模型开始》，她把财富水池分成了三个池子：日常现金池、中短期目标池和长期金鹅池。

这个模型其实在《小狗钱钱》中也有一个很好的说明，就是金先生教给小主人公的储蓄模型，把收入分为三个部分：储蓄、梦想储蓄罐以及日常花费。道理是一样的，说的其实就是强制储蓄。

首先为自己储蓄

而关于强制储蓄的好处，在另一本理财畅销书中讲得更为透彻，这就是《巴比伦富翁的理财课》。这本书被称为“有史以来最完美的致富圣经”，无数的人宣称从这本书中得到了很大的启发，从此改变了贫穷的思维。这也是一本，在我的书架上趴了很久，却一直因为过于有名而不被关注的书。

这本书讲了一个从古巴比伦考古发现的泥板当中找到的故事：一个叫做达巴希尔的奴隶，如何有计划地偿还债务，从而变得富有的故事。

在他朋友钱庄老板马松的忠告下，他下决心切实地执行一项计划。这个计划将引导任何人脱离债务。

根据这个计划，达巴希尔每个月将他的收入分成了三个部分，1/10 用于强制储蓄，7/10 用于日常开支，剩下的 2/10 则用于偿还债务。

多年以后，达巴希尔终于还清了债务，而且因为长期为自己的“金鹅池”投放存款，他成了一个富有的人。

这真是一个逆向思维，我们惯常的思维应该都是先偿还债务，因为债务给我们带来很大的精神压力，我们常常会觉得如果我们偿还了债务，我们的生活就会立刻好起来。事实上，这种好并不会如预期中到来，因为，当你偿还了旧的债务之后，往往又会因为欲望的推动，从而陷入新的债务，从而陷入终身的债务循环。

最典型的例子就是，换房子。有了一套，换大套，有了大套，又买第二套……

首先偿还债务，其实就是首先支付债主，为债主存款。这违背了“首先为自己存款”的基本原则。其实，这个原则在上述几本书里都提到过。

这本书最“王炸”的建议其实是：首先为自己储蓄。

什么是为自己储蓄呢？就是每个月拿到收入的时候，最先存起来的应该是为自己储蓄的那 1/10。当然，如果能力足够，你也可以不止 1/10。

为什么说储蓄是为自己存的钱呢？因为生活开销是为一家人花的钱，偿还债务是为债主存钱，只有首先为自己存起来的这些钱，才是将来自己的可以生蛋的金鹅。

自从明白了这个道理，我将每个月收入的一部分，都默默地存进了一个定存基金账户里。为自己的行动力点赞。

世界是自己的，与他人无关

夏夜，凉风习习。两个女儿在房间里听歌，而我在书桌前，写下这一句。这句话是杨绛先生说的。

一个女人，能够被称作先生，大概是因为饱读诗书、著作等身，且活得够长，值得敬仰。杨绛先生就是这样的人。

一个女人，活得家庭幸福，却又无需用自己丈夫和孩子的名义来彰显自己，在历史的河流中，有自己的位置，可以说是活出自己了。

她家庭幸福，事业有成。她和钱钟书先生可以说是 20 世纪中国文学界才华高作品精、同享盛名的唯一一对夫妻。他们俩长达 60 年的爱情和婚姻，成了人们对文人婚姻最好的想象。

据说，有一次，杨绛读到英国传记作家概括的最理想的婚姻："我见到她之前，从未想到要结婚；我娶了她几十年后，从未后悔娶她；也从未想过要娶别的女人。"钱钟书听到这段话后，当即表示："我和他一样。"杨绛说："我也一样。"这大概就是爱情最朴素最动人的表达吧。

杨绛怀孕的时候，钱钟书总是会对杨绛说："我不要儿子，我只要女儿。只要一个，像你的。"后来真的生下了一个女儿。从此，一家三口在一起，趣味无穷、幸福无限。

可惜，人总有一死。2003 年，杨绛的《我们仨》出版，诉尽对丈夫和女儿的思念："1997 年早春，阿媛去世。1998 年岁

末，钟书去世。我们三人就此失散了。现在，只剩下我一个。“

2003年的时候，我还在上海，《我们仨》一出版我就看了，一个人在宿舍里，深夜卧读。先生的文字温柔又克制，朴素又深刻。一遍又一遍触动，心里想着：这真是，我看过写一家人最好的一本书呀。

钱先生和女儿离开以后，杨绛先生一个人又生活了将近二十年，最后活了105岁，把自己活成了传奇。到最后，她是钱瑗的妈妈，也是钱钟书的夫人，更是她自己。

她说过很多很有哲理的话，这样的话，从一个活了105岁的老人口中说出来，显得特别深刻而有力量，因为它经历了时间的证明。

她说：“惟有身处卑微的人，最有机缘看到世态人情的真相。一个人不想攀高就不怕下跌，也不用倾轧排挤，可以保其天真，成其自然，潜心一志完成自己能做的事。”

她还说：“有些人之所以不断成长，就绝对是有一种坚持下去的力量。好读书，肯下功夫。人要成长，必有原因，背后的努力与积累一定数倍于普通人。所以，关键还在于自己。”

“我们曾经如此渴望命运的波澜，到最后才发现：人生最曼妙的风景，竟是内心的淡定与从容。我们曾如此期望外界的认可，到最后才知道，世界是自己的，与他人毫无关系。”

然而，我最经常引用她的是这一句：“你的问题主要在于读书不多而想要的太多。”所以，女性想要活出自己的人生，终究还是要多读书。

多读书，少乱想

如果问我，结婚十年，最美丽的收获是什么？我会说，除了家庭，便是读书了。

2007 年，我从上海回来的时候，所有的财产只有 25 箱书，通通编了码，寄存在爸妈家。因为那时候，还没有结婚，并没有自己的房子可以安置这一千多本书。一放就是三年。

后来结婚买了房子，装修好一个书房，一面墙都是书架，可是刚刚够放近三年买的书。那 25 箱书因为用不上，就一直堆在客厅的角落里，占了很大的空间，一点都不好看。

再后来，书越来越多，堆满了书房、卧室、客厅、沙发，几乎家里所有的角落，都堆满了书。再加上这 25 箱。还有孩子出生以后的各种东西，200 平方复式的房子，居然都乱得不能看了。

2015 年，看了《断舍离》，心里想，那 25 箱书已经几年没有开封过，怕是也不能用。打开一看，果然全都泛黄了，散发着陈旧的味道。一本本地摸过去，不免有些感伤，毕竟是陪伴我快十年了。但是，实在也太多了。又旧得看起来都不太方便，只好狠狠心，打包卖了。

可是，近几年新添置的书，也都堆不下了，简直不知道该怎么才好。直到 2017 年，云初做好，添置了六个高达三米多、通达天花板的书架，才把家里 2000 多本书，通通搬了过去，作为会员免费阅读的福利。

书通通搬走之后，家里空了一大半，才显得房子不小。后来搬家，房子没有原来的大，书架自然也没有原来的多。但是，书却是越添越多，不到两年，又添了十几箱的书。

这些书自然不是只是文学，也有哲学、历史、经济、管理、科学、心理学、教育学……每当涉足新的问题，总是先把一堆的书看完。

大部分的书，都是在早起时看的。每年两三百本，几年下来，怎么说也是看了一千多本。

有人问我，是怎么做到的？我想说，养成习惯了，也就没有那么难。

有一天，自己坐在那里，想想人生，发现影响人的，其实都是那些坚持时间比较长的事。

坚持五年以上的事：做学校。

坚持十年以上的事：写作。

坚持二十年以上的事：看书。

坚持三十年以上的事：学习。

坚持更长时间的，只剩下活着了。

时间去了哪儿，就在哪里收获。

学习、看书、写作、做学校……人生可做的事情本来也不是很多。

感谢自己这么多年来养成的阅读习惯。因为，书读得越多，物质欲望越少。书读得越多，越知道人生短暂。需要在乎的事情没有那么多。

健康的家人，幸福的生活，自己的爱好，如此而已。剩下的，都是点缀。所以，不惑之年，告诉自己：多读书，少乱想。人生值得在乎的东西，没有那么多。如果有，那就是，家庭的幸福和思想的进步。

第五章 亲密关系

我们当中有很多人想要亲密关系，并且需要的不只是慰藉与陪伴，这本书就是为这些人写的。我们需要的是能鼓励我们超越自我的伴侣；我们在追寻的是能激发人生意义与方向，并在我们受到考验时，给予我们帮助的人际关系。这也就是“灵魂关系”。

在这样的结合中，我们不只是想得到什么，而且希望付出——不自私、不求回报的付出。

——克里斯多福·孟《亲密关系》

亲密关系是通往我们灵魂的桥梁

> 情感是来自人类“爱与被爱”的基本需求。这个主要的动机就构成了人与人之间的“吸引磁场”。
>
> ——《亲密关系》

两个人为什么会在一起？人为什么需要结婚？亲密关系的真谛又是什么？我们怎样才能发展出好的亲密关系？我们终将孤独一生还是我们能够最终找到灵魂伴侣？

这是我们走向婚姻过程中，需要去思考的很深刻的问题。遗憾的是，鲜少有人在走向婚姻的时候，就曾这么深地思考过。我们甚至不知道自己要找一个什么样的人，以及为什么我们会选择和他在一起。以至于，当我们遇到婚姻关系困难的时候，第一个想到的办法往往就是逃避或者离开。我们觉得，只要我们离开了那个让我们无比痛苦的人，只要我们远离那个不断给我们的情绪制造麻烦的人，我们就会过上幸福快乐的生活。

人们没有发现，对方不过是一面镜子，投射了你在亲密关系中的高期待和高恐惧。如果我们没有认清自己，我们终将难以发展出好的亲密关系。

克里斯托多福·孟的《亲密关系》是我读过写亲密关系最好的一本书，也是一本我读了又读，就像《父母的觉醒》一样，上面画满了各种笔记的书。

亲密关系的圣杯

他用“圣杯”来隐喻亲密关系。圣杯（San-greal）是基督教徒的圣物。耶稣曾经拿起这个杯子，吩咐门徒喝下里面象征着他的血的红葡萄酒，由此创立了受难纪念仪式。

在克里斯多福·孟看来，“灵魂关系”就像圣杯一样难以捉摸，而社会的力量更使它难以寻获。尽管圣杯如此难以寻获，可是人们还是孜孜以求，就像圣徒们寻找圣杯一样。

月晕现象

克里斯多福·孟告诉我们一个亲密关系的最基本法则：

> 开始和维持一段亲密关系背后的真正动机，其实在于需求。

也就是说，我们走向婚姻，以为是被爱情之神蛊惑的时候，其实是我们怀抱着一种不可以为人言说的需求。我们小心翼翼地隐藏着这种需求，生怕别人看见以后，就不愿意和我们在一起。而我们一旦达到和对方在一起的目的，我们就会开始小心谨慎地不断释放这种需求，如果得不到对方的回应，我们就开始愤怒。

这种隐秘的需求，甚至连我们自己都不知道。因为它来源于我们遥远的幼年时期，甚至可以追溯到婴儿时期。

简·尼尔森博士在《正面管教》中指出，孩童的两大主要需求分别是归属感和确认自己的重要性。克里斯多福·孟把这两大需求归结为一个相同的根源——人类共同的“爱与被爱”的需求。当人类的这个需求没有得到满足的时候，他们就开始使出所有的手段和把戏。

显然，仅仅这样的概括是不足够的。如果我们阅读林文采博士的《心理营养》，我们会发现，儿童的需求要更为复杂一些：无条件接纳、重视、安全感、价值感（肯定赞美认同）、爱、联结、独立自主、尊重、自由……

如果我们在小时候，尤其是0—6岁的时候，没有从我们的父母那里得到这些心理营养，那么长大以后，这就成了我们心理上的空洞，需要不断地去填补它。

我们一个人的力量太弱小了，往往需要再借助别人的力量。所以，当我们遇到一个人，预感到这个人可能满足我们的渴望的时候，我们就表现出了我们最大的善意，用尽一切办法也要和他在一起，什么力量也不能把我们分开。

于是，克里斯多福·孟所预言的亲密关系中的“月晕”阶段就开始了。但这个阶段的开始，也意味着一条地狱之路的入口。

> 通往地狱之路，是用期望铺成的。
>
> ——克里斯多福·孟

因为，一旦我们发现我们的伴侣拥有满足我们的资源，却不愿意给我们，我们的内心开始充满愤恨。从期待到期待落空的过程，难以描述。而一旦我们进入愤恨，我们也就会进入亲密关系的下一个阶段——幻灭。

幻灭

进入幻灭阶段的伴侣，开始出现明显的偏差行为，也就是说，我们开始在亲密关系中行差踏错。

简·尼尔森博士在《正面管教》中指出，当孩子的归属感和确认自己重要性的需求没有得到满足的时候，他就会出现不同程度的偏差行为：

> ——引起注意（看看我！看看我！）
>
> ——权力斗争（我不想做，你不能逼我！）
>
> ——报复心理（你伤害了我多少我也要伤害你多少！）
>
> ——自我放逐（努力有什么用呢？反正我一点也不

重要。）

在亲密关系中也是如此，成人复刻了儿童的反应模式，在亲密关系的历程中再次经验从父母那里求而不得后的几种表现。这真是糟糕极了。这本来是一次，通过亲密关系觉醒自我的机会，但很多人在这个阶段，惨遭滑铁卢。

很多人以为是“爱情的魔力消失了”，其实是“小时候那个不受重视没有感受到爱充满愤恨的孩子回来了”。

每个自我局限的信念，都来自过去的创伤。

——克里斯多福·孟

亲密关系本来是治愈过去创伤最好的一次机会，可惜很多人执着过去的伤痛所带来的感受，宁愿沉溺其中，而不愿意抓住这一次改变命运的机会。

正像心灵畅销书作家张德芬在她的新书《我们终将遇见爱和孤独》中说的：受苦比解决问题来得容易，承受不幸比享受幸福来得简单。

因为，小时候的创伤让我们觉得自己无力应对这个创伤，这种无力的感受一直停留在我们的身体里，影响着我们，以至于，长大以后，我们再次面对相同的创伤的时候，即使我们在客观上早已有能力应对，但我们在主观上还是陷入无力。我们停留在无力的感受中，祈求帮助，却又不敢说出口。而对方，自然与你也是相同的。

许多夫妻都是如此，情愿忍受不愉快的权力斗争，也不愿意面对争吵背后的痛苦和创伤。

我们不会对伴侣说："我在受苦，请你帮帮我，我自己无力解脱。"

我们会说："都是你的错。是你让我再一次体验这样的痛苦。"我们还会接着说："都是你的错。明明只要你对我好一点，我就不用承受这样的痛苦，可是你却不愿意这么做。"当然，这不过是我们心里的台词，我们很少说出来。但，我们看，这不是我们小时候想对父母亲说的话吗："如果你们能对我好一点，我就不用承受这痛苦。"

克里斯多福·孟在书里介绍了九项他最喜欢的处理痛苦情绪的方式：

方式一：向感觉吸入空气；

方式二：如实如是地接受；

方式三：触摸疼痛；

方式四：克里希那穆提的方法；

方式五：运用肢体表达；

方式六：笔者的方法；

方式七：听听感觉说什么；

方式八：感谢的效用；

方式九：分享你压抑的感情。

他用这些方式获得了平静，解决了问题。你也可以试试看。

很多夫妻止步这个阶段，一个向左一个向右。从亲密无间走向形同陌路。但是，仍然有部分觉醒的夫妻，能够进入下一阶段，从而迈向找到“灵魂伴侣”的开悟之坡。

内省

当痛苦已经大到无法忍受，一种方法是，我们逃避它、离开它，亲密关系解体。这是大部分人会走的路，因为这条路比较容易。另一种方法是，面对它，打败它，这是少部分人走的路。

走上少有人走的这条路，方法便是内省。我们不再将眼光调向他人，我们开始检视自己。内省是检视自己内在所有想法和感觉的过程，其终极目标是让你能和自己内在的事物和平相处，并且用爱来应对它们。

克里斯多福·孟说：

> 诚心检视反映在伴侣身上的你的内心世界，可以让你真正地、心平气和地了解你自己。即使你所发现的事物，一开始可能显得丑陋不堪，它却也让你得到了一个机会去

了解，在你心中，没有什么事是你不能去爱的。爱能让从前你觉得丑陋的事物也转变成爱。对自己百分之百地负责，不但能让你的亲密关系起死回生，还能让一部分的你——你认为早已死去或从未存在过的那部分——也活过来。

如果我们能够在内省阶段起死回生，那么恭喜你，你进入了亲密关系的最后一个也是最高级的一个阶段——以灵魂为中心的亲密关系。

启示

在这一章中，克里斯多福·孟讲了一个故事：

那时我和妻子又一次陷入权力斗争中，并开始怀疑这样的竞争到底有没有停止的一天，还是我们应该在完全撕破脸之前离婚。突然间，我想起朋友有一次问我想不想知道让生命变得丰富的秘密。我告诉他我很想，于是他对我说："秘密就是，你的生命已经很丰富了。"这让我想起电影《天地一沙鸥》里的一句话："如果你想尽快到达一个地方，最快速的方式就是，你已经在那里了。"

……我，仔细思考了这些话中的智慧，然后决定亲身试验一下。我想要的是和妻子相爱，但我当下的处境却是正在和她争吵。想象一下，我只要深吸一口气，就能马上从争执中跳脱出来，而和妻子相爱。我扪心自问，假设我和妻子现在不是在争吵，而是感情很融洽的话，情形会是什么样的？然后我脑中灵光一闪，想到我可以为妻子做些事。我还来不及思考自己想不想这样做，就已经开始着手进行了。她曾经告诉我说，她很爱吃我做的某一道菜，所以我就马上进厨房去准备。当我在做菜，并专注地“付出”的时候，我有了不一样的感觉。然后我想，如果现在我与妻子是深爱着对方的话，我会有什么样的感觉？我感到心中一阵温暖，头脑也变得清楚多了。接着，我又问自己，如果我把妻子当作心爱的人，我会怎么看她？在我心里，我看到一位既美丽又有智慧的妻子与朋友。于是我在心里空出一些空间，让这些充满爱的感觉得以成长。很快，我与妻子间的紧张情势便冰消瓦解，我们变得更加亲近，共进了一顿很棒的晚餐。在一小时前，这看起来简直是不可能的事。因为我愿意想象自己“已经置身于爱之中”，所以我得到了灵魂的帮助，解决了这次争执。

我早已置身于爱之中，这样的觉察和启示，非常棒，不是吗？愿我们都能满怀爱意地进入爱、存在于爱里。然后你就会看到爱的阳光。这是一种无条件的爱，就像儿时我们对父母的要求无条件地接受一样。去无条件地接纳自己，接纳你的亲密爱人。

绝对的爱是无条件的：通常我们在亲密关系中所谓的爱，事实上是由于伴侣的行为所带来的满足感，或对于重要感与归属感的需求。真正的爱是无条件的，完全与任何情境和情势无关，无法从他人那儿获取，也非由他人的行为而触发，而是因为你就是你！一段关系的目的不是给予与接受彼此的爱，而是帮助你了解自己就是一直依赖所寻找的爱。

伴侣的目的：如同上述所说的，你的伴侣不是你的爱与幸福的来源。满足你的期待与开心不是他们的职责，但你的伴侣的确在你的生活中扮演了三个重要的角色，尤其在面对情感上的成熟与唤醒真实自我的时候。这时你的伴侣将会依所需而扮演这三种角色之一：一面镜子，让你看见引发你关注的不舒服感；一名老师，在你探寻真实自我的时候，激励与启发你；一名“玩伴”，开启并陪伴你一段生命的旅程。

——《亲密关系》

苏青与张爱玲

年轻时候，最喜欢的女作家之一，是苏青。虽然，她的才气与同时代的张爱玲相比，似乎略为逊色，但我喜欢她的清浅直白，也喜欢她大大咧咧的不在意里有细腻的多情。

世人多觉得张爱玲刺骨深刻，而苏青温暖庸俗。我则不改初衷。

张爱玲与苏青，在上个世纪40年代的上海女作家中，并称“双璧”。二人多有来往，大抵是苏青的杂志社催着张爱玲交稿。

张爱玲才气太盛，苏青的温暖平和抵挡不住。

张爱玲当时评苏青：“她有着简单健康的底子。”不知道是褒扬还是骨子里的轻视？

想起大学时的一个女同学，隽秀深刻，和我同进同出三年多，她忙着思考人生，我忙着风花雪月吃喝玩乐，我们一起上课、泡图书馆、复习、考研……我考上了，她没有。临毕业时，对我说一句：幸福是一种平庸的状态。从此音讯不通，互不往来。多年以后相逢，我已结婚生子，她还在寻找灵魂伴侣。

当年她说那一句，究竟是什么心情？

有人说，张爱玲与苏青的不同，起于童年。

苏青出身小康之家，晚清中举的祖父赐名她“冯和仪”，寓意“鸾凤和鸣，有凤来仪”，饱含家族对她的祝福和期待。

苏青的童年无疑是幸福的，虽然父母因出外读书，对她管教甚少，但是有祖父母的疼爱有加，有外祖母的放任骄纵，在宁波乡下的冯家村里，幸福温暖地长大。她童年的底色是温暖的，因而她成年以后，虽遭遇养育女儿的艰难，年轻丈夫的出轨，也可以痛定思痛后痛痛快快对婚姻说“不”，做成了旧上海滩能婚姻自主、经济自理的新女性。

她写祖母：

> 有时候豆酥糖屑末粘牢在我的耳朵或面孔上了，祖母在第二天后便小心地把它取下来，放到自己嘴里，说是不吃掉罪过的。我瞧见了便同她闹，问她那是贴在我脸上的东西，为什么不给我吃？她给我缠不过，只好进去再拆开一包，撮一些些给我吃了，然后自己小心包好，预备等到半夜里再吃。……
>
> 犹豫着，犹豫着，不到十来天功夫，终于把这些豆酥糖统统吃掉了。它们虽然已经潮湿，确实道地的山北货，吃起来滋味很甜。——甜到我的嘴里，甜进我的心里，祝你健康，我的好祖母呀！
>
> ——苏青

都将慈爱做酩酊。

人生，若有祖父母、外祖父母的爱打个底，是多么幸运的事。

我也曾给学员做咨询，有一次说到一个学员的人生历程。回到 6 岁时期，忆起外祖母的慈爱，学员泪流满面。虽说后来的人生遭遇了父母分离，父亲事业失败，小小的肩膀要撑起养家的责任。可是，因为有这个慈爱的底色，后来再多的艰难也能扛过去。因为这是在课堂上的个案，因而看到的学员很多。结束之后，一位中年的学员，眼泪汪汪地过来问我："林老师，我怎么办？我没有这样的底。我觉得人生底色，苍茫灰暗一片。"

每一个人的人生，都多么需要一个这样明亮鲜快慈爱幸福的底色呀。

这样温暖的底色，张爱玲是没有的。

张爱玲，出身大户。母亲倔强，父亲放浪，姑姑刻薄，大宅深深的冷漠与灰蒙，布满她的童年。她生命的底色是苍凉的，就像她自己说的："人生是一袭华美的袍子，上面爬满了虱子。"亲情缺失，伤痛难言。她在等待的爱，都带着救赎的期待。

多年以后，她遇到胡兰成，她送他一张照片，背后写着："见了他，她变得很低很低。但她的心里是欢喜的，从尘埃里开出花来。"

她们都遭遇爱而不得的结局，但一个决绝转身，投入生活的洪流，铿锵潇洒。一个沧然去国，孤苦一生。

与张爱玲的孤清相比，我更爱苏青的温暖明快。

最喜欢的是她的《结婚十年》和《续结婚十年》。当年看，唏嘘不已。因为自己学习女性主义，大约想着也不可能有好的婚姻，于是，在精神上便把她引为知己。看她年纪轻轻，就嫁了个英俊潇洒的少年郎，糊里糊涂地在大学就怀了孕。只得退学生孩子，一连生了两个女儿，颇受公婆的冷落，先生的轻视。后来即便生了儿子元元，与少年夫妻不懂生活艰难的丈夫贤依旧无法过下去，只得选择离婚。

那个时代，女人极少离婚。鲁迅先生在那个年代写过一篇有名的文章《娜拉走后怎样?》，预言因为想要独立自主而出走的女性，最终的结局：不是堕落，就是回来。而苏青，大概是走了第三条路，她先是找到了职业，成了作家、编辑甚至老板，后来更把儿女接回身边。她的自传体小说《结婚十年》再版了 36 次，一时上海滩风头无俩。

苏青后来又写了《续结婚十年》，讲述了职业女性的不易。“墙上的每一颗钉子，都是自己买的。然而，这又有什么乐趣可言呢?”

年轻的时候，看这样的句子，心里很是惶恐，很担心，像自己这样任性随意的性格，如果所托非人，会不会最后也像苏青一样，落得独居的下场，最后只能靠卖文为生，连家里的每一根钉子都要自己买。

加上，那个时候我们读博，社会上把女博士称为第三种人，言下之意，即世界上有三种人：男人、女人、女博士。

在大多数人看来，女博士都会落得嫁不出去的命运。因为，但凡读到博士，肯定是姿色一般，所以只能靠苦学博功名。加之学历高、想法多，能够接受她的，至少也得是男博士。可是男博士却喜欢温柔多情更崇拜他的女硕士或女学士，好享受来自女性的仰慕。若是不慎找了个女博士，还要在学术上争个长短，男博士便觉得自己读个博士有什么意思。

这样的乱七八糟想法合在一起，对自己的婚姻便更没有信心了。大概伍尔夫的《一间自己的房间》那样的生活，是适合我的。

然而，女博士终究结婚了，并且为了先生，辞去了上海的教职，回到家乡福州，生了两个孩子，日子居然过得甜蜜安然，实在和之前的剧情设计千差万别。有时候，我也不免想，我的结婚十年，究竟发生了什么？

为什么，我不仅没有凄惨到最后连每根钉子都得自己买，还在某种程度上，懂得了夫妻相处之道的真义。

亲密关系是成长最好的老师

有人问：什么是成长？也有人问：我们为什么需要成长？成长究竟是一种什么感觉？

我想了很多答案，最终不过剩下一条：因为年轻。

因为年轻，我们还有时间通过成长来修正我们的人生。

最怕的就是这样一种情境：我们已经年迈，眼看着时间存折所剩不多，看着一日一日不断落下的夕阳，想着自己的一生，不是露出会心的笑容，而是落下懊悔的泪水。

我常常跟熟悉的人说，成长最终就是坦然赴死，觉得自己这一辈子做的还不错。不管对错成败，因为努力过而觉得没有遗憾，没有白来走一趟。

至于成长究竟是一种什么感觉？我只想说，很痛，就像断臂那么痛，每一次都是刮骨疗伤式的成长。而人生中最好的成长之师，往往是你身边最亲近的人。

创业比的是耐力

我的性格任性随意，有点小聪明，总能够凭借这样的小聪明在学习以及工作道路上逢凶化吉，一路凯歌。

所以，我一直不明白，人为什么需要那么刻苦勤奋。直到我自己开始所谓创业。做花学园，我一直没有觉得自己是创业，因为总觉得是为了孩子。直到做云初，才有一点创业的感觉。

在做花学园的那几年里，无数次想过放弃，回到属于自己轻松随意的生命轨迹中去，可是每一次，都是徐先生鼓励或者说是“逼迫”我坚持下去。

后来做云初也是这样，因为在装修的过程中遇到了太多的阻碍，团队已经集体开会决定放弃了。还是他鼓励我坚持下去。

有的时候，我真的觉得他对我太残忍了。难道不是应该让太太过舒适的生活吗？为什么要要求这么严格？

有一天早晨，他起床，不知为何感叹了一句：创业比的是耐力。

也许他说的无心，我却忽然觉得明白了很多道理，耐力从来就是我前半生最大的短板。可是想到坚持要付出更多的岁月，真是大汗淋漓呀。

这种痛，是一种责任感的痛。我现在才知道：不用承担责任的人生是多么轻松快意。而背负责任的人生，如同负重登山，付出努力总要多更多。

你觉得聪明重要，还是靠谱重要

因为自小有点小聪明，所以常常沾沾自喜，时有在他面前炫耀。有一次，他便问我：你觉得是聪明重要，还是靠谱重要？

细思恐极。

认识的聪明人有一些，靠谱的却没有几个。就好比杨过和郭靖、杨修与司马懿，你想做哪一种人？

聪明者有趣，靠谱者有成。越想越害怕。从此，再不敢用小聪明糊弄人生，可是也因为此，每次勤奋的时候都会觉得自己越来越没趣。

然后，最讨厌的就是，发现了很多比你聪明还比你勤奋的人。还给庸人留活路吗？

你可以再多忍耐一点点吗？

我自己也曾深受情绪困扰，与我的原生家庭有关，父母都比较急躁，那个年代的人大概都差不多。

只有一个孩子的时候，这种情绪的问题还没有出现在生活中，子曰两岁以前，我几乎没有对她发过脾气。回头想来，是因为那个时候，生活和时间都在自己可以控制的范围内，所以不会动摇情绪。

可是生了老二之后，各种压力翻倍，情绪就很容易出来。在经过短暂的混乱期后，通过心理学的很多方法能够较好地管理大部分情绪问题，可是依旧有难以控制的时候。

比如说，常见的情境是：子曰同学开始发脾气，我耐心劝慰，可是她不听，继续不断发脾气，我就开始忍不住说她，然后子曰同学更急了，我就生气了，徐先生看见了，忍不住说我，我就气炸了。这样的场景重复过很多次。

有一次，他很认真地问我：你能不能再多忍耐一点点？

我彻底爆炸了，觉得他心里只有孩子没有我。只看得见孩子的需要，看不见我的感受。回头想起来，这样的想法真是好搞笑，这大概就是最大的不成熟了吧。

反正，我记得当时我什么也听不进去，满脑子都是"你根本就不在乎我，你只在乎孩子"这些乱七八糟的想法。

这位老师帮助人成长的方法，从来都不是在你情绪最激动的时候安慰你，而是在你最痛的时候再插你一刀。总归就是，如果能挺得过去，你就活下来，挺不过去，两个人就再见了。

这一把，他插我的一刀是：如果你不相信我说的，下次我就用手机录下来你们争吵的样子，让你看看自己有没有错！

我气得差点要咬他。

可是，我知道我自己错了。想一下就知道自己错在哪里了。在脑子里交织了无数的爱恨之后，恶狠狠地对他也是对自己说了一句："我改！"

其实，当说"我改"的时候，我万念俱灰，有一种手臂被折断的感觉，想到以后再也不可以任意地表达自己的情绪，我就觉得这样的人生还有什么意思呢？想到，以后既要努力工作、有责任感地坚持，还不能随便发脾气，这样的人生又有什么意思呢?

说好的任性呢?说好的恣意人生呢?说好的快意江湖呢?

反正，我后来真的改了，很少对孩子发脾气。最多就是生气了不说话，自己呆一会儿。

有趣的是，有一次，子曰因为作业不太好做，自己发了点脾气，我也没在意。可是过了十分钟，她忽然对我说：妈妈，对不起。

啊，为什么说对不起?

刚才我自己情绪不好，对你发脾气，对不起。

My God! 这也算是人生大逆转了。这位同学自出生以来，第一次主动因为意识到自己情绪的问题跟我说对不起。

我不知道，这是不是我自己成长后的因果。我只是觉得，我的手臂也算没有白被折断。

如果，最终我能够做到有责任感、能坚持、自律且情绪温和稳定，大概，被折掉的手臂就能够化作助她们高飞的翅膀，那也是值了。

然而，你以为被折断的是手臂，何尝不是你依赖惯了的手杖呢?

我们任性、妄为、随意……都不过是佛说的“习气”，懂得摆脱习气，才是真正的成长。

睡过的懒觉、胡乱说过的话、乱七八糟的生活习惯、偷过的懒……都属于习气的一种。

成长就是和习气的对抗

和徐先生这样的故事太多，以后足够回味一生。但是，我想说的是，有的时候，成长的契机就在自己的身边，只不过，很多人没有看见，或者，因为太痛了，宁愿躲在舒适区里，也不愿意去直面。

> 当开始寻觅人生伴侣时，我们通常不会察觉，其实我们真正在追寻的事物，伟大得超乎想象——要比两个灵魂之间可能发生的事伟大得多。我称之为“从亲密关系中体验到真理”。在“灵魂关系”的路途上，我们不单是在寻觅爱情，还是在寻找一种能让我们一再陷入热恋的经验。就像勇敢的骑士寻找圣杯一样，我们希望从亲密关系中得到能满足身、心、灵三方面渴望的东西。表面上看来，我们似乎只是孤单或渴望能有人分享我们的喜怒哀乐。但事实上，在每段亲密关系的背后，我们的灵魂都在运作着，引领我们去体验灵性上的满足。
>
> ——《亲密关系》

不能再表扬你

在既养娃又创业的日子里，我至少想放弃过 100 次。

最严重的有三次。一次是在做花学园 1 号的时候。才刚刚开始半年，但是因为期间生养老二，我几乎没有时间顾及它。等到老二生完，我复出的时候，面对的是一片凋零。只剩下三个孩子，两个老师，一个怀孕，一个要回老家。我觉得实在不值得坚持下去了。于是下决心关掉，连三个孩子去哪里都想好了。

下好决心的那个晚上，我和徐先生在小区里散步，我跟他说了很多。说了自己关于儿童教育的执念，也说了眼下的困难，最后告诉他，我决定关掉花学园。他沉默了许久，忽然跟我说：坚持下去，我再给你 10 万。

在当时，10 万够我再坚持半年，用以支付房租和老师的工资。我愕然地看着他。其实前期我做花学园的时候，他并没有显出很支持的样子，反而因为我将本该陪他创业的时间用到了孩子身上，而对我有点意见。

他说：坚持下去，你需要学习的，就是坚持。

后来，我真的坚持下去了，孩子们陆陆续续来了，我们也找到了新的老师，一切都变得越来越好，然后一年以后，就有了花学园 2 号，三年以后，就有了小学。我想，如果没有他当年的支持和鼓励，后面的一切，都不可能。

第二次想放弃，是因为做云初。做云初，是因为想做一个给大人休憩的空间。感觉到这几年，被育儿的事情挤得一点自己的时间和空间都没有了，想来其他的父母也是一样的。就想为大人做一个地方。

新召集了两个合伙人。由其中一个人负责整个项目的装修和运营。可是在装修的过程中，遇到的困难实在太多了。先是不让我们升电梯。因为云初在 10 楼，胜在风景优美，一线江景。但是，最大的问题是，原来的电梯只设置到九楼。如果想要方便，就要自己升电梯。电梯升一层需要的成本是 20 万。我们已经决定升了，房东却又以各种理由拦着不让。

其次是九楼的租户在九楼通往十楼的路口安了铁门，平时没有关系，可是到了周末，就铁将军把门，而我们的活动，又主要在周末。交涉了无数次，就是不肯换门。

其三就是不让物料上电梯，要求我们一层层搬运上去。真是天天吵天天争。也许我们实在是对困难预见得不足，所以，这样小半年下来，工程仓皇一片，钱却已经花了七七八八。

有一天，又因为泥沙搬运的问题，和物业吵得不可开交。让我们几个合伙人觉得深深的烦躁。想着，这尚未开张，就如此麻烦。如果开业了，还不知道要如何为难我们。于是，几个合伙人在徐先生的办公室开会，算了一下成本。决定中止这个项目，虽然几个人各亏了些钱，但总在我们的经济承受范围之内。我记得，徐先生看完我们几个垂头丧气开会的过程，最后笑眯眯地说："决定啦？真的决定不做了？"

“是，不做了。”

“那先回去休息，明天再说吧。”

第二天，我们依然垂头丧气地去了他的办公室，他一二三四指点了我们几招，依旧是鼓励我们不要放弃。

三个月以后，终于挺过去了。云初顺利开业。在开业典礼上，他们要我说几句。可是当我看到徐先生坐在台下笑眯眯地看着我的时候，忽然眼泪止不住地掉下来。想起往日种种，见着的都是我的风光，却不知道，如果没有他，这一切，都无可能。

有时候，我在想，真正的爱，究竟是什么？真正的爱，也许不是在对方说“我不想干了”的时候，拍拍胸脯告诉她：“没事，有我在，不干就不干，我养你。”我觉得这是一种年轻人热诚的爱，却不是一个成年人成熟的爱。一个成熟的成年人，会看见那个想坚持却已经没有力量的你，那个你更真实地说：“帮帮我，我需要有人鼓励我再坚持一点。”而他，就是那个看见了的人。所以，他对我说：坚持下去。

第三次想放弃，还是因为云初。因为云初的业态，一开始，大家难以理解，还是把它当成了培训机构。而我，也因为没有商业的运作经验，使得云初的经营几乎无法覆盖成本。每个月都在亏钱。花学园、小学、云初三个项目的巨大压力，终于在 2017 年的年底，把我压垮了。在一个月中，我晕倒了 20 多次。

去医院，也查不出什么毛病，最后中医说是气血两亏，模棱两可得很。也不知道该吃什么药，找了几个学医的朋友，营养学家、中医通通问诊了一遍，都说需要静养。于是，静养了足足三个月。医生本来建议我静养一年，但是三个月以后，自己觉得精神还好，就又忍不住上班了。

在那段时间里，徐先生几乎放下了所有的工作，每天只去上班两个小时，上午一小时，下午一小时。剩下的时间，便是陪我。上午在家里陪我，下午就把我带到公园边上的茶室里，静静地坐着。就这样风雨不动地陪了我一个多月。

我一直知道他爱我，我是他生命中很重要的人。可是这几年，养育孩子，有时候因为孩子争执，他也难免说我几句。我一度怀疑，可能在他的心目中，孩子更重要一些。说来可笑，我一个母亲，去跟孩子争什么宠，幼稚得很。

但是，那段日子，让我深深明白，对于他，我是如此重要的，因为，他本来是个一年 365 天要工作 360 天的工作狂。

年轻的时候，我曾经抱怨创业苦。他对我说：你什么时候真的累了，跟我说不想干了，我就停下来。我是不信的，总以为这是男人的甜言蜜语，做不得真。可是，那段日子，我想起过去他跟我说过的话，我相信了。

身体慢慢好起来。回到云初，又是一副百废待兴的样子。又折腾了大半年，一点起色都没有。终于到了必须面对现实的时候。合伙人又集体开了会，正式决定关闭。那真是心力交瘁的两个月。要跟各个项目组谈结束的时间，还需要跟已报名的会员沟通，包括退费，逐个地打电话。几乎安顿好了一切。这一次，他没有跟我说："你要坚持下去。"

在我们认识的这么多年里，是第一次听到他对我说："你放弃吧。"

可是这一次，我不想放弃。因为，我怕自己养成放弃的习惯。我担心，自己会因为眷恋在他身边的简单舒适，而放弃自己想要奋斗的理想。

爱使人沉醉，也使人满足。我本该满足，但满足使我堕落。这是我害怕的。我知道，只要这一次，我说放弃了，我就可以回到家里。工作量锐减，把学校做好，把孩子养大。"睡觉睡到自然醒，前庭后院下午茶"的美好生活，很快就会实现。但是，这样的生活想象难道不是来得太早了一点吗？我还这么年轻。

有一整个月的时间，他已睡去，我却辗转反侧，一个人盯着天花板，想着云初的事。想着，我怎么可以放弃呢？这么多年，哪一年不是难，我都没有放弃过，这一次怎么可以放弃呢？

不知道是什么鼓舞了我，所有人都做好了放弃的准备，连徐先生也做好放弃的准备，我竟然想到了办法。

云开雾散，一切都在变好。我记得，在最痛苦纠结的那段日子里，有一天晚上，我想到了办法。忽然泪流满面，心里想着：我终于保住了它，这一次，我用的是自己的力量，没有再依赖徐先生。

是的，以后的半年里，云初焕发了全新的生命力，发展的态势，让很多人都很惊讶。有一天晚上，我得意洋洋地对他说：你看，我是不是做得还不错？

他沉吟良久，说：我不敢再表扬你了，我怕再表扬你，你会更努力，而我会心疼。

说这句话的时候，他背对着我躺着。他拿我没办法，我才第一次意识到，自己太任性了。并没有想过他看着我心力交瘁时的感受。

就在那一次，我对爱有了更加深刻的理解。原来，爱不是在你努力的时候，对你说："再接再厉"。而是在别人为你欢呼的时候，深深心疼你。因为，只有最亲近的人才知道，你为此付出了多大的努力，要付出多少努力，才能在别人看来是毫不费力的。

只有他看到，我为了备课和写公号，一个又一个凌晨醒来。在全家人都在沉睡的时候，坐在书桌前，开始一天的工作。

别人只看到你的结果，只有他，看见了过程。别人为结果鼓掌，而他为过程担心。

其实众人鼓掌的时候，我的脸上是微笑的，但是内心是孤寂的。而他心疼的时候，我的脸上是平淡的，内心则丰盈无比。这就是爱吧。

世间最好的情话

年轻的时候，觉得世间最好的情话是杜拉斯《情人》里的那一句：

> 那时候，你还很年轻，人人都说你美。现在，我是特意来告诉你，对我来说，我觉得现在你比年轻的时候更美。与你那时的面貌相比，我更爱你现在备受摧残的面容。

那时候，看了太多的情感小说，女主总是拥有盛世容颜，不禁想，世间堪比赫本、林青霞这些美女们的盛世容颜，又有多少呢？大部分的人，是长得平平凡凡的吧。而且，容颜总是会老去，难道那个时候就不值得爱了吗？

于是，看到《情人》中的这一句，便觉得非常的熨帖。青春的容颜，稍纵即逝，抓住不易。有趣的灵魂，历久弥新，慢慢打磨。

结婚十年，养育两个孩子，老了许多。压在表面黑发底下的是密集的白发，皱纹横生，甚至连斑点都开始出现。多年来睡眠不足，黑眼圈已经不是班车，随开随走，而是长途车，很难到站。

年轻时谈情说爱的那个部分全部被孩子的吃喝拉撒代替。

有的时候，也会感慨，爱情为何如此短暂？爱情故事为何如此好看？那是因为，写故事的人都知道，浪漫之后都是俗常。鲜花美酒让位给尿布喂饭，又有什么好写的呢？浪漫的爱情写多了，让人生出对生活的希望。吃喝拉撒写多了，又能让人对生命生出什么呢？

可是十年，总不能什么仪式也没有。有一天，自己一个人呆着。细数着结婚十年的点点滴滴，似乎能够留存在记忆里的，都是他和我一起出门旅行的几次。于是，就希望，结婚十年的纪念，也是一场只属于我们俩的旅行。毕竟，自从有了两个孩子，我们似乎没有专门为了我俩自己而旅行过。

但我又是忐忑的，因为他实在是太忙了。创业者的忙碌，只有创业者才能体会。其实，我也可以自己去。毕竟，我的时间比较自由。但是，想起不久前刚刚给他发的微信：

亲爱的：

虽然我觉得自己跟你表达过很多爱，但是我觉得今天还是要再表达一下。因为，今天，我忽然有一个新的发现。最近林老师跟我说的话，就是让我更优雅从容地生活。我觉得很有道理，但也让我有些困惑。因为，就目前的工作状态，很难能够优雅从容的。但是，我有听进去。所以，今天在做课堂练习的时候，我就把要过优雅从容的生活，作为我的生活目标，我甚至可以看到我坐邮轮出海去玩的画面。但是，当被询问，有什么阻碍了你过这样的生活的时候，我忽然发现，是我对你的爱和心疼。

你那么努力工作，我好心疼你。心疼到不好意思自己去玩儿。如果，我自己去玩，或者只是带着孩子去玩，我会在心里有对不起你的感受。因为你那么辛苦，我们怎么可以只顾着自己玩儿呢？当被询问道，如何才能平衡的时候，我忽然发现，我应该带着你一起玩儿呀。然后心里又觉得好笑，这世界上怎么有这么不会玩儿的人呢？心里又升起很多对你的心疼。就觉得应该更爱你一点。然后，我自己也很疑惑，我已经觉得自己够爱你的了，原来还可以做更多吗？

其实，我不知道自己还可以做什么能够更爱你，我只是看见，如果我想过优雅从容的生活，我希望是和你一起的。所以，我在想，我们每年还是应该单独一起去旅行一下，这样慢慢更多两个人自己的生活，日子才会越来越好呀。

——2019 年 4 月 13 日

想着那段时间，给云初的会员讲《爱的五种语言》，我在自己的笔记本上写下的未来三个月，想和对方一起做的事情中，第一件就是和他单独去一次旅行。

虽然他是个工作狂似的工科直男，人生中除了研究和工作，绝没有玩乐的想法和设计。但是，他最大的好处就是，如果你策划好了，他是最好的配合者，甚至可以比你还全情投入。也正因为此，我才会对结婚之初，还没有孩子之前的几次旅行念念不忘。

但是，现在不同了，两个孩子，加上我们俩各自的工作，我也知道是困难的。但是，那种想和他一起出门旅行的愿望，变得那样的迫切。就仿佛，如果不做这么一件事，以后回想起来，就会有遗憾似的。

于是，我向他发出了邀请，他毫不犹豫的就同意了。让我觉得，简直是不可思议，只好再三和他确认。直到有一天晚上，我又在和他确认这件事，他忽然转头和我说了一句：

> 我说过，我的就是你的，你的还是你的。我都是你的，我的时间自然是你的。

我愣了许久，面容平静，内心震荡。这是我听过世间最好的情话了吧。“我都是你的，我的时间自然是你的。”年轻夫妻，情热酒酣，说些不过脑子的情话，都是不作数的，比如，“我的就是你的，你的还是你的。”成熟的人，听过了就算了，只有幼稚的人，才会把它当成一个婚姻的誓言。殊不知，和磨人的现实生活相比，誓言不过是个华丽的肥皂泡，经不得一点现实的打击。

这句话，他自然是说过的。但是，嫁给他的时候，我已经不年轻了，更因为看过太多的故事，而感觉自己早已在思想上百毒不侵。男人的情话都是做不得数的。

结婚以后，每次有大的财务支出，也常常会翻出这句话来说。但是，也不过当作一个笑话，心里没有当真。虽然，他这几年在经济上，的确对我很是大方，创业的前期投入自然全是他的钱。有时候，我的心里歉然，觉得花他的钱太多，又总没有产出。每次，他也总会跟我说："我的就是你的，你的还是你的。"可在我看来，不过是他安慰我的话，心里默默想：骗人，哪里可能呢？这是世上最出名的骗女人的话，相信的都是傻瓜，我才不是傻瓜。

只是，以为骗人的话，说多了是不是也会让人信以为真？

给钱的时候，我觉得这句话还不够算数，毕竟，这是家里拿得出来的钱。

可是，给时间的时候呢？

人到中年，比金钱更珍贵的，是时间吧。唯有时间而已。

我曾经问子曰：妈妈做什么，你觉得妈妈是爱你的。子曰说：陪我。

我又问之言：妈妈做什么，你觉得妈妈是爱你的。之言说：陪我。

给我金山银山，不如拿时间来专心陪我。这是天底下的女人，从小到大，最大的愿望吧。

我曾经想过是否要把这个写出来。老话不是说"秀恩爱，死的快"吗？

可是想到，岁月流逝，如果我不记录下来，我怕自己要忘了。结婚十年里，他专心陪我的每一个片段，我几乎全部记得。不，我的孩子，竟然也全部记得。

有一次，子曰和爸爸起冲突，事后，我和子曰聊天，我本来想提醒她，你看爸爸多么爱你，他工作那么忙，可还是坚持在家的时候，每天在你睡前回来，陪你入睡。我问她："你看，爸爸每天陪谁花的时间最多呀?"她说："你呀。"我顿时愣住了。

原来在孩子的心里，是这样的。我陪她们，爸爸陪我。

这是最好的家教了吧。爸爸爱妈妈，妈妈爱着孩子。

我想，人生还有几十年，夫妻还有几十年，我应该把他说过的情话，都记下来。以后做孩子们的教科书。人间情爱，未必都是山盟海誓、天崩地裂。有时，日常点滴，才是真义。因为，大部分人都只能平凡的活着，但是，不妨碍他们拥有伟大的爱。

想起周恩来总理写给妻子邓颖超的情话："我这一生都是坚定不移的唯物主义者，唯有你，我希望有来生。"

愿我的孩子，将来也能拥有这样真挚的爱。

爱的五种语言

一

> “恋爱”的巅峰期是令人陶醉的经验。我们彼此的心思被对方占据着。入睡的时候，我们想着对方，起床的时候，对方也是第一个进入我们的思想中。我们渴望在一起，一起消磨时光，就像是在天堂的接待室游戏；当我们手牵手的时候，仿佛我们的血液也融合在一起了。
>
> ——《爱的五种语言》

想知道，我们告别这种感觉多久了？结婚以后就没有了？还是有了孩子以后？或者，其实我们并不记得我们在热恋的时候，曾经是怎样彼此爱着对方？

从2016年开始，我陆续做一些个人的成长课程，大概是集中在原生家庭和亲子关系，可是课上着上着，最终都会集中在夫妻关系的讨论上。我的课堂，女性居多。可见，在女性心目中，真正在意的其实是夫妻关系。

在课堂和生活中，我见过很多在“爱情”中疲惫的人，以至于，如果我试图引导他们进入关于爱情的回忆，她们会一脸茫然，怀疑“爱情”是否真的来过。

在亲子关系中，最大的一个谬误是很多父母以为，孩子出生后，会自然长大。

这种谬误的程度，如同孩子认为，米饭是直接在饭桌上产生的。

我们在亲子关系中手足无措，是因为在成为“父母”之前，我们并没有为人父母的经验。

其实，夫妻关系也是如此。在我们成为夫妻之前，并没有关于两性相处的经验。

然而，大部分夫妻关系最大的谬误在于，人们会认为，只要有爱情，一切问题会自然迎刃而解。

仿佛我们婚姻最后出现问题，就是因为“我的爱情鸟，它就没来了……”

事实是，根据已故心理学家多萝西·田诺博士对恋爱现象的长期研究，一段神魂颠倒的浪漫恋情，平均寿命是两年。

其实，很早就有热恋周期是“十八个月”的说法。也就是说，我们以为我们会长期处在“恋爱的巅峰期”的想法，是我们不幸福的最可悲来源。

如果，把恋爱巅峰期，比作人生的“高潮体验”，那么，不幸的是，这个高潮的时间大概不会太长。

在林文采博士的《心理营养》这本书里，她曾经提到过一种物质——本体胺。据说，当女性生下孩子的时候，身体自然会分泌这种物质，而这种物质使得我们对孩子生出很多慈爱的感受，我们管它叫“母爱”。很伟大是不是？其实是身体的自然反应。当然，你心里也有浩荡的爱……

最有意思的是，不只是女人会分泌这种物质，男人也会，不是在生孩子的时候，而是在初恋的时候！

男人在初恋的时候，身体也会自然分泌本体胺！

很意外，是不是？看来男人在初恋的时候，也都有浩荡的爱啊……

不过，最重要的是：这些都不重要！

因为，我们今天要谈的，不是我们如何进入热恋。我们要谈的是，热恋走了怎么办？不吃饭啦？不过日子啦？不上班啦？不带孩子啦？

有一部电影的名字，我一直很喜欢，它叫《太阳照样升起》。是的，爱情鸟飞走之后，在窝里的那只母鸟，依然要生活，要养孩子，要工作……要做的事情还很多。唯独，不谈爱情。但是，难道，我们就不期待爱情了吗？不是的。我们依旧满怀期待，我们只是不知道该怎么做。

如果说《亲密关系》是一本谈论成熟的两性关系的宝典，那么，美国盖瑞·查普曼博士的《爱的五种语言》就是爱情的一本实用攻略。

二

在介绍这本书之前，先介绍另外一本书，美国戴尔·卡耐基的《人性的弱点》。据说，这是一本销量仅次于《圣经》的全球第二大畅销书。好吧，很遗憾，我是最近才看到这本书，因为我个人对“成功学”一直有一点排斥。后来，我发现，这是一种极为可怕的“成见”，差点使我错过一本好书。

《人性的弱点》第一篇就是介绍与人相处的技巧，第一句就是：

尽量去了解别人，而不要用责骂的方式。

因为批评不但不会改变事实，反而招致愤恨。

有一阵子，徐先生为他的手下不够得力而烦恼，而我呢，非常害怕他会用严厉批评的方式（以前他经常用），而使得年轻人不仅不能改变，还会产生情绪。可是，我又不知道怎么劝他，因为：

男人常常不想听老婆讲道理。（请谨记这条戒律）

于是，纠结了半天，我讲了个故事：

林肯曾经被誉为“人类有史以来最完美的元首”。他的成功秘诀是什么呢?

其实，林肯年轻的时候，非常喜欢写信和作诗来挖苦别人，他还经常把这些信和诗扔在一定会被人发现的路上。其中一封信竟致使对方终身都恨他（好吧，伟人果然也有幼稚的时候）。

1842年秋，林肯在《斯普林菲尔德时报》发表了一封匿名信，讥讽一位自高自大的爱尔兰人——詹姆斯·谢尔顿。这封信让所有读过的人都捧腹大笑。谢尔顿是个非常敏感的人，他得知作者是林肯后，提出要和他决斗。可是林肯不想打架，也反对决斗。但为了保全面子，他只好接受。对手让他随便选择武器，因为林肯双臂较长，他选择了骑兵用的长剑，并向西点军校的一位毕业生学习剑术。

决斗的那天，他和谢尔顿在密西西比的一个沙滩上对峙，准备决战至死。而就在决斗即将开始的最后一分钟，他们的同伴及时阻止了这场“决斗”。

这是林肯人生中最难堪的一件事，也给他为人处事方面上了最宝贵的一课。从此以后，他再也没有写过任何侮辱他人的信，也不再讥笑别人。从那时起，他不再为任何事而批评别人。

——《人性的弱点》

我讲完以后，一直不说话的徐先生咕噜了一句：把他们放到合适的位置上吧。

查普曼博士告诉我们爱的第一种语言就是肯定的言词。

> 无论如何，事实是当我们听到肯定的言辞，就会得到鼓励，愿意回报，做一些我们配偶喜欢的事。
>
> ——《爱的五种语言》

卡耐基爷爷告诉我们，人类都不喜欢听批评的语言，而查普曼博士告诉我们：

你的另一半，喜欢听好听的。

所以，当你夸奖你的另一半的时候，你事实上是在透露一个信息：我爱你。为了印证这一句话，再讲一个坑人的真事吧。

徐先生是工科生，语文不太好，尤其是拼音，所以他发短信和微信的时候，常常因为不能够想到正确的拼音而打不出这个字，然后，他每次都会问我，我就会像《新华字典》一样准确地告诉他，而他，每次都会以一种崇拜的口气说：

“哇，你好厉害！真是这样！”

为此，我沾沾自喜了很长时间，可是有一天，我忽然想到，我是学中文的，会一个二年级小朋友都能做到的事，有什么好得意的呀！真是醉了，这位同学真是居心险恶，这么简单的手段就让我觉得他形象高大，言语动人。心机太深！

结论是，我想告诉你，这一种爱的语言很好用，夸，随便夸，真诚地夸，因为连中文博士被夸拼音好，都会觉得有被爱的感觉。

三

介绍了最霸王的一款爱的语言之后，剩下四种爱的语言就会比较好理解了：

（一）精心时刻。关键技巧是：单独相处的时间，集中注意力，学会说正面的话，以及精心准备的活动等。

（二）接受礼物。这一点，特别好理解，女人最喜欢男人说的话，三句：

花。

随便花。

刷我的卡。

（三）服务的行动

> 所谓服务的行动，是指做你配偶想要你做的事。你借着替他（她）服务，而使他（她）高兴；借着替他（她）做事，来表示你对他（她）的爱。
>
> ——《爱的五种语言》

再讲个故事吧。徐先生有一个习惯，就是每天睡前在我床头放杯水。反正，不管什么时候，只要他在家，即便出差很晚回来，早上我的床头，都会发现一杯水。最开始，我并不觉得什么，有水就喝呗。可是有一次，他出了一趟比较长时间的差，我早上起来，总觉得哪里不对劲，后来发现是没水喝。于是自己老老实实去倒，也没觉得有什么。

直到看了这本书，才忽然意识到，原来“服务的行动”是他爱的语言，这个其实是他表达关心我的一种方式，然后，我就感动得稀里哗啦。

啊……啊……啊……，我真是太好骗了。

拼音好！一杯水！这都是什么鬼！

不过，透过这件事，我也明白了对他来说，爱的语言究竟是什么，所以么，我后来也学会了服务，也帮他倒杯水啦，这样做，他果然很高兴。

然而，这些事，让我真正明白了，夫妻之爱，其实不在山盟海誓，而在生活小事。这一生，哪有那么多惊天动地的爱，大部分是细水长流的涓涓细语，生活琐事。你帮我带过的早餐，我帮你买过的衣裳，如此而已。

恋爱的巅峰体验过后，考验的是绵长的生活智慧。这个，大概才是长久的夫妻之爱。

（四）身体的接触

> 身体的接触可以建立或破坏一种关系；它可以传达恨

或者爱。对主要的爱语是身体接触的人来说，身体的触摸远胜于“我恨你”或“我爱你”的字句。

——《爱的五种语言》

其实，在这一本书里，查普曼博士告诉我们一个非常简单的道理：首先，你要知道伴侣爱的语言是什么。然后用正确的爱的语言去和他（她）沟通或相处，我们就会获得爱的长久生命力。

最后再讲一个故事吧。读书的时候，我的一个男闺蜜追求我的一个女闺蜜，可是，怎么都追不上，来问我攻略。我也不知道，就去女闺蜜那里无间道，女闺蜜假装无意地告诉我：我爱吃板栗，他要是一直给我买板栗吃，我就会接受他的追求。

搞笑的是，当我把这个“重大军情”告诉给我的男闺蜜时，他不仅没有感激涕零，反而嗤之以鼻。他无论如何也不相信，他为她做了那么多事，买了那么多礼物，都赶不上一颗板栗的爱。

那个时候，我恨铁不成钢，语重心长地对他说：爱一个人，不是按照自己喜欢的方式，而应该按照她喜欢的方式。(为什么，那个时候我就这么有智慧！)

结果是，他不理我。结果的结果是，没有追求成功。

生之喜悦

因为不能再忽视死亡，于是我更加用心地活下去。

——崔雅

鼓起很大的勇气，终于看完肯·威尔伯的《恩宠与勇气》。我有两个月的时间疯狂地在读肯·威尔伯的著作，我认为他是个奇迹般的心理学家。他的书宏大深远，他对于意识层次的研究，可以说是目前世界上关于这一方面的研究最完整的。他被称为后人本心理学的代表。

《恩宠与勇气》是他难得的一本感性之作，也可说是难得的将宗教、情感、心理学结合得极好的一本书，也可算是一本“死亡日记”。

美丽、活泼、聪慧的女子崔雅，三十六岁时邂逅了心理学家肯·威尔伯，彼此一见钟情，四个月之后，他们举行了婚礼。

崔雅：活了三十六年才遇见“我梦寐以求的男人”，或者说在今天最接近那种理想的男人，接近死了！……1983年8月3日，肯与我相遇。六个礼拜之内，我们便决定结婚。

肯：一触钟情。我们几乎没有谈上一句话。从她打量我的光头的表情，我知道她对我绝非一见钟情。我呢！就像大部分人一样，觉得她相当漂亮，却对她毫无所知。但是当我搂住她的时候，我觉得所有的距离和界限全都消失；我们似乎合一了。那种感觉就像我们已经在一起好几世了。

四个月以后，他们结婚了，并且准备去蜜月旅行。

婚礼前一个月，崔雅进医院体检，右胸发现了一个肿块，不过医生和她都认为这没有什么大不了的。他们的心思都在即将开始的婚礼和夏威夷蜜月旅行上。所有的人都觉得没有什么好担心的，除了崔雅的母亲。因为她的母亲十五年前确诊癌症，所以她坚持要崔雅再换一个医生检查。

崔雅右胸的肿瘤被确诊是恶性的，最好的治疗手段是切除它。

1983 年 12 月 15 日，崔雅和肯在旧金山儿童医院的 203 病房度过了他们的蜜月。

所有人都对手术很乐观，认为右胸切除后，癌细胞不会扩散。另外，据资料统计，很多丈夫都在妻子罹患乳腺癌半年后离开了，因为，大部分的丈夫都无法接受妻子的残缺不全。

肯坦诚地说，他对这个失去，也有遗憾。

“你想念它吗?”手术后崔雅常问这个问题。

“想。”

"它真的那么重要吗?"

"没那么重要。"事实上它确实没这么重要，应该说是比重的问题。我认为崔雅对我的性吸引力大概下降了百分之十；单单从触感来说，两个当然比一个好。但其他百分之九十的吸引力实在太大了，所以对我而言，没那么重要。

遗憾的是，癌细胞并没有因为崔雅右胸切除、身体变得残缺不全而停下它肆虐的步伐。是的，它复发了。这一次是胸腔。崔雅必须接受放疗。接受放疗的这段时间里，崔雅和肯的矛盾终于大规模爆发了。一边是因为放疗引起的"沮丧和崩溃"使得崔雅紧紧想要抓住肯，一边是因为长达两年多因为照顾崔雅而停滞的工作计划（肯称写作是他的守护神）……

肯：我变得愈尖酸刻薄，崔雅就愈自保、迷惘、苛求，甚至恼人。我们两人都被眼前发生的事吓坏了，我们也明白自己或多或少都在助长这团混乱；但都没有力量遏止它。几天后，崔雅爆发了。我们俩都爆发了。

崔雅：我觉得既困惑又无助，好像我搞砸了每一件事——彻底地毁了我最亲爱的肯的生活。我不想加重他的负担，但又不信任自己，仿佛自己所作的每件事终究会伤害到他，因为我似乎太阳刚、太固执、太爱操控、太愚钝也太私我了。也许我需要一个比较单纯、比较不敏感、也比较不聪明的男人，这样他才不会受到我的伤害。也许他需要的是一个更温柔、更有女人味、也更敏锐的女人。天啊，光有这种想法就令我痛不欲生了。

如果想要知道心理学家们是怎么谈恋爱和生活的，大可以去读这本书。肯·威尔伯作为后人本心理学的代表，在这一本书阐述了大量他对各个心理学流派的看法，包括各个宗教的看法。作为他的妻子，崔雅，本身也是个心理学的修行者。只不过，他们有许多心理学和灵性的修行可以帮助到自己，在关系快要崩溃破裂的时候，他们尝试着使用各种各样的方法。最后，他们还是找了婚姻咨询，在第三人的协助下，共度难关。

我想，肯和崔雅是经历了克里斯多福·孟所说的“幻灭”阶段。幸运的是，两位心理学家拥有内省的强大力量和资源。

在心理咨询师的帮助下，他们即将崩溃的关系逐渐被扭转过来。1986年夏，距离他们结婚已经两年半了，这两年半里，他们大部分的时间都用在和崔雅的癌症抗争中。在咨询师和他们自己的努力下，他们进入了一个重要的分水岭，也就是克里斯多福·孟所说的“启示”阶段。

肯：崔雅和我企图涵盖治疗的所有层面，包括肉体、情绪、心智与灵性。在肉体方面，我学会的是当内在的病毒发作时，我要保存自己的能量、汇集自己的资源。崔雅持续地做运动、慢跑、健行，而我们也改善饮食，以预防癌症的食谱为标准。……在情绪与心智的层面，我们透过心理治疗来消化许多尚未解决的问题，学习改写人生脚本。在灵性层面，我们学习宽恕和接纳，并以各种方法重建目睹的能力，以及回到风暴中心，才能在人生永无止境的风暴中保持宁静、稳定。

按照这样的剧情下去，崔雅应该和肯一起克服了病魔，然后他们幸福地生活在一起，就像很多好莱坞剧情一样。遗憾的是，我们永远无法解释，我们为什么成了癌症的选民。放疗的并发症逐步开始发作，崔雅先是得了糖尿病，需要大量地注射胰岛素，继而肺部又感染了……然后就是继续放疗……

大家开始意识到，崔雅可能命不久矣。而她还很年轻，嫁给她最心爱的人，才四年多的时间。她才刚刚四十岁。

肯·威尔伯是个极度理性的心理学家，他的大部分著作呈现了他严密的逻辑和精深的思考，《恩宠与勇气》可能是他唯一一部充满感性叙述的作品，也许因为，这是一本纪念亡妻的书。

我看过不少写亲密关系的书，有些是故事性的，有些是回忆性的，有些是叙述性的，唯独这一本，充满了灵性。

我们确实是不同的，或许这一点也可以适用于许多男女身上。分开来的我们绝非完整而自在的个体，只能算是半个人，一个是天，一个是地，这本来就是我们的真相。

我们逐渐学会欣赏、尊重彼此的差异，也学会感谢。理念永远令我感到舒服，大自然也永远令崔雅感到自在，但是当我们内心交会时，我们就完整了。缺少了彼此，我们永远无法体会这份合一感。我们把柏拉图的一句话改成了：“男人与女人本来是一体的，却被分裂为二。所谓的爱就是对这份一体感的追求。”

天与地的结合。我的眼睛看着天也看着地，心里一直在想，自从有了崔雅，我才开始找到自己的心。

但是崔雅就快死了，这个念头令我禁不住放声大哭。

然而，不论多么不舍，多么悲痛，多么觉悟……崔雅终究要死了。崔雅决定不再忍受无休止的放疗，医师本来认为她至少可以再多活几个月，但是崔雅不想躺在医院里不停地吊吗啡点滴，身上插满管子，慢慢窒息而死。她选择在自己还算清醒的时候安静地离去。

“亲爱的，如果时候真的到了，那就走吧。别担心，我会去找你的。曾经找到你，我答应一定再把你找到。你要走，别担心，就走吧。”

“你保证一定找到我？”

“我保证。”

过去这两个星期，崔雅的脑子里一直浮现五年前我在婚礼上对她说的话：“你到哪里去了？我找了你好几辈子，现在终于找到了。我屠龙斩荆才把你找到，你知道吗？如果有任何事发生，我还是会再找到你的。”

她很平静地看着我：“你保证。”

“我保证。”

这是我看过写“灵魂伴侣”最好的书。它不是小说，它是活生生的两个灵魂经历亲密—幻灭—内省—升华的历程记录。

如果我们想要知道克里斯多福·孟在《亲密关系》中所说的“灵魂关系”，那么，可以去读读这本书，真人版。

合上这本书，我很想跟徐先生说说话，可惜他忙得像颗陀螺似的。我张口想说，却又觉得没有什么好说的，突然想起鲁迅先生说过：当我沉默的时候，我觉得充实；我将开口，同时感到空虚。

徐先生是工科直男，我很难跟他解释什么是“灵魂关系”，也许，对他来说，这是无需解释、不证自明的。因为，在过去的十年里，他一直做得很好，尽管和书上说的不一样。我想，这正是我和他的“灵魂关系”，是我们俩自己的修炼，无需向谁学习，只要体验其中就好。

我们俩的人生还很长，可以述说的故事还有很多，慢慢来。然而，这本《恩宠与勇气》，让我懂得，珍爱生命，在现世的生活中，充分体验生之喜悦。我和他还都好好的，可以慢慢品尝俗常幸福的爱，是多么美好的一件事。

一个人的旅行

小学部迎来他们的游学季，一年级的小萌包子们是第一次离开家长，和老师们出门去了，目的地是桐木关。老母亲们早上送到车站，以为要演一场离别的苦情戏。谁知道，有的孩子扮着鬼脸，有的孩子挥挥衣袖，有的孩子淡定地说，“妈你别担心，我很期待”，就毫不犹豫地扭头走了。留下一群入戏太深的老母亲，还得安抚自己错愕的心情。

二年级三年级的哥哥姐姐们已经是老手了，这一次是去景德镇。老母亲们自己已经入不了戏，连送都懒得送了。

是的，孩子们渐渐长大了。一次又一次的目送，我们已经习惯了开开心心地告别，欢欢喜喜地回家。因为，走过这么多年，已经确认，作为家人，我们彼此相爱。不管我们和谁，去哪里，我们终将回来。不管你离开多么久，爱一直在，家一直在。

看着这一幕幕，我的心里，平静如水。是的，这就是我想要的生活，多年前就设想过，如今，只是走到这里了而已。

两个孩子都离开了家，徐先生也有自己的出差行程。而我，打算给自己一段一个人的时光。很久没有这么放松过。这几年，并不是走不开，可是孩子在家，不管去到哪里，心中总是牵挂，而这一次，各自旅途，心中异常的安心平静。我知道她们会和小伙伴玩得很开心，而我，也想一个人静静地思考一下人生。

出行前，想选择的就是深山，人少，住得舒服。最后选了莫干山，查了很久，定了云岸山居。到了以后，全中。山很深，很静，人很少，住得很舒服。而且，有茶有咖啡，管饭还可以泡汤。加上我自己带了书和电脑，我感觉已经没有别的任何需要了。

这两年，发生了啥？

出门前，徐先生问我，这一次，你的计划是什么？我说，两个目标：一、理顺一下，我自己所做的各个项目之间的逻辑关系，定一下未来的发展计划；二、深度思考一下，我自己的整套思想体系，以及未来几年的课程结构。

对我来说，现在已经没有什么纯玩的旅行了，除了上周秋假陪孩子去树屋这种纯粹“陪孩子”的旅行，其他时候，我都是带着思想在路上了。当我确认了自己要做的事情之后，工作于我，已经和生活没有什么差别。只不过是生活的一种形式，我并不会因为工作而感觉到自己生活得很辛苦，也不会觉得，我出门在外，对工作有什么愧疚。因为，这就是我为自己选择的工作和生活的方式。

2016年，我开始做家长课，写的第一篇文章就是《3年后，你想要什么样的生活》，这不仅是我对妈妈们的发问，也是我给自己的题目。因为，从那个时候开始，我就明白，我们想要什么样的生活，就得自己为之付出努力，中间没有捷径。所有希望别人努力来帮你实现生活理想的想法，都是偷懒和奢望。

五年后，你想要什么样的生活？

生活，终究是属于自己的。关于生活的答案，也只能自己去寻找。现在，我对自己发出的提问是“五年后，你想要什么样的生活？”

曾经有人问，如果有时光机，你可以回到过去，你想回到哪一段？我想说，就现在好了。我不想回到过去的哪一段，过去的对与错，于我是没有意义的，因为我无法改变什么。当然，心理学上说，你改变不了过去的事实，但可以改变对过去事实的想法。于我，在经历了很长的自我练习之后，我对过去事实的想法，大多是比较正面的了。也就是说，我的过去，给了我很多力量。

那么，如果问我对现在满意吗？我只能说，我对自己的努力是满意的，但对自己的状态有更高的期待。我会期待自己更从容一点，更慢一点，更自由一点。但似乎还不能够做到，因为还有很多的放不下。于是，我就接受了这个放不下，为自己设定一个五年后的生活方式。然后从现在开始努力。

所以，我大概没有什么可以抱怨的时间，只能一件一件地把该做的事情做了，尽到自己的责任。但我也给自己的心灵创造足够多的时间和空间，来思考，来暂停。

也许有人说，我也想这样呀，怎么做到呢？其实，也不算复杂，只是需要花一些时间，一点点地学习去做就好了。

第一步：解决关系的问题

整理一下自己和原生家庭的关系，很多卡壳的地方和彼此的原生家庭有关系。整理一下自己和先生的关系，女人能够处理好亲密关系的，问题基本上就解决了一大半。学习一点育儿的基本原则和方法，搞好自己和孩子的关系。搞好以上三种关系的女人，基本上已经比较幸福了。

第二步：解决自我的问题

这就比较麻烦一点，但是在关系问题基本理清之后，就比较容易进入关于自己的思考了。我是谁？我存在的意义是什么？我喜欢什么？我要为什么样的生活付出努力……这样的思考有助于我们整理我们的职业规划。

很多人工作了半辈子，都不知道自己喜欢做什么。也有人都已经快爬到梯子的顶端了，才发现梯子靠错了墙。有人把这个时期称为“中年危机”。我见过很多人的中年危机，中年危机就像人生的一道鸿沟，跨过去的人，迎来新的人生境界，跨不过去，也就 40 岁死，80 岁埋。思考自我最好的办法是，多阅读，向好老师请教，在心理的学习上多花时间。少说话，多看书。像杨绛先生说的，大部分人的问题是，书看得太少，而想要的太多。

第三步：为自己找一件可以做 30 年的事

一般人走不到这一步。走到这一步的人，这辈子大概都能做一点事。因为，这往往就是一个愿，意味着路很长也很难。

我大概在 30 多岁的时候，就找到了一件，那就是教育。所以我做学校，一点一点地做下去，不紧不慢，按照孩子成长的节奏做。大概在两年前，又确认了另一件事，也想慢慢地做它 30 年，就是帮助女性成长。因为这两个愿望，又衍生出了很多小愿望，所以未来几年可能都会比较忙。但是因为知道自己在做什么，就会忙而不乱。

有人说，我真的找不到呀，那没有关系。就做到第一、第二步吧，然后，收拾好心情，好好过日子吧，也很幸福呀。

附：云上推荐书单

1. (美) 蕾切尔·卡斯克著，黄建树译：《成为母亲》，上海人民出版社，2019 年 1 月
2. (美) 沙法丽·萨巴瑞著：《父母的觉醒》，上海社会科学院出版社，2016 年 1 月
3. (英) 弗吉尼亚·伍尔夫著，吴晓蕾译：《一间自己的房间》，山西师范大学出版社，2014 年 1 月
4. (加) 克里斯多福·孟著，张德芬、余蕙玲译：《亲密关系》，湖南文艺出版社，2015 年 4 月
5. (美) 约瑟夫·坎贝尔著：《英雄之旅：约瑟夫·坎贝尔亲述他的生活与工作》，浙江人民出版社，2017 年 1 月
6. (美) 斯蒂芬·吉利根、罗伯特·迪尔茨著，伍立恒译：《英雄之旅：自我发现的旅程》，世界图书出版公司，2018 年 3 月
7. (美) 威廉·西尔斯等著，邵燕美译：《西尔斯亲密育儿百科》，南海出版公司，2015 年 6 月
8. 林文采著：《心理营养》，上海社会科学院出版社，2016 年 3 月
9. (美) 约翰戈特曼，娜恩希尔福著：《幸福的婚姻》，浙江人民出版社，2014 年 2 月
10. (美) 沙法丽·萨巴瑞著：《失控：孩子不听管教怎么办》，

上海社会科学院出版社，2016 年 1 月
11.（美）亨利·马西等著，武怡堃等译：《情感依附》，世界图书出版公司，2013 年 9 月
12.（奥地利）阿尔弗雷德·阿德勒著，曹晚红译：《自卑与超越》，中国友谊出版公司，2017 年 1 月
13.（日）松居直著，刘涤昭译：《幸福的种子》，二十一世纪出版社，2013 年 9 月
14.（日）松居直著，郭雯霞等译：《我的图画书论》，新疆青少年出版社，2017 年 1 月
15.（德）卡尔·威特著，解青译：《卡尔威特的教育》，吉林大学出版社，2017 年 5 月
16.（美）戈登著，琼林译：《PET 父母效能训练》，中国发展出版社，2015 年 9 月
17.（美）简·尼尔森著，玉冰译：《正面管教》，北京联合出版有限责任公司，2016 年 8 月
18.（美）赖克林著，裴云译：《赖克林儿童情绪手册》，浙江人民出版社，2012 年 11 月
19.（美）约翰·戈特曼、（韩）崔成爱，赵碧著，李桂花译：《孩子，你的情绪我在乎》，东方出版社，2018 年 8 月
20.（美）玛兹丽施著，安燕玲译：《如何说，孩子才会听；怎么听，孩子才肯说》，中央编译出版社，2016 年 9 月
21.（美）盖瑞查普曼著：《爱的五种语言》，江西人民出版社，2018 年 4 月

22. （意）玛利亚·蒙台梭利著，艾安妮译：《有吸收力的心灵》，中国华侨出版社，2015年7月
23. （美）卡洛琳爱·德华兹、莱拉·甘第尼、乔治·福尔曼著，尹坚勤等译：《儿童的一百种语言》，南京师范大学出版社，2014年3月
24. （日）岛田洋七著，陈宝莲译：《佐贺的超级阿嬷》，南海出版社，2013年11月
25. （日）黑柳彻子著，赵玉皎译：《窗边的小豆豆》，南海出版社，2018年5月
26. （英）A·S·尼尔著：《夏山学校》，新星出版社，2019年3月
27. （美）米切尔·雷斯尼克著，赵昱鲲译：《终身幼儿园》，浙江教育出版社，2018年7月
28. （美）托尼·瓦格纳、泰德·丁特史密斯著：《为孩子重塑教育》，浙江人民出版社，2017年10月
29. 孙瑞雪著：《爱和自由》，中国妇女出版社，2018年1月
30. 孙瑞雪著：《捕捉儿童的敏感期》，中国妇女出版社，2018年1月
31. 孙瑞雪著：《完整的成长》，中国妇女出版社，2018年1月
32. 尹建莉著：《好妈妈胜过好老师》，作家出版社，2017年8月
33. （美）洛夫著，自然之友译，《林间最后的小孩》，湖南科技出版社，2010年4月

34.（美）科恩著，李岩、伍娜、高晓静译：《游戏力》，中信出版社，2018 年 7 月
35.（美）路易斯·埃姆斯，弗兰西斯·伊尔卡著，崔运帷译：《你的 N 岁孩子系列（1—6 岁）》，北京联合出版公司，2018 年 4 月
36.（日）河合隼雄、松居直、柳田邦男著，朱自强译：《绘本之力》，贵州人民出版社，2011 年 8 月
37.（日）河合隼雄著，李静译：《孩子与恶》，东方出版中心，2014 年 4 月
38.（澳）史蒂夫·比达尔夫著，丰俊功、宋修华译：《养育男孩》，中信出版社，2014 年 1 月
39.（澳）史蒂夫·比达尔夫著，钟煜译：《养育女孩》，中信出版社，2014 年 1 月
40. 一行禅师著：《正念的奇迹》，中央编译出版社，2018 年 1 月
41. 一行禅师著：《与自己和解：治愈你内心的内在小孩》，河南文艺出版社，2014 年 6 月
42.（美）贝齐·埃文斯著，洪秀敏译：《你不能参加我的生日聚会》，教育科学出版社，2012 年 1 月
43.（美）肯·罗宾逊著，李慧中译：《让天赋自由》，浙江人民出版社，2017 年 8 月
44.（日）岸见一郎，渠海霞译：《不管教的勇气》，晨光出版社，2019 年 5 月

45.（日）松田道雄著，王少丽译：《育儿百科》，华夏出版社 2010 年 5 月

46.（美）马丁·塞利格曼著：《教出乐观的孩子》，北京联合出版公司，2017 年 5 月

47.（美）维克多·弗兰克尔著，吕娜译：《活出生命的意义》，华夏出版社，2018 年 4 月

48.（德）埃克·哈特托利著，曹植译：《当下的力量》，中信出版社，2013 年 7 月

49.（美）亨利·克劳德著，吴苏心译：《为孩子立界限》，海天出版社，2009 年 9 月

50.（美）朱迪斯·哈里斯著，张庆宗译：《教养的迷思》，上海译文出版社，2015 年 9 月

图书在版编目（CIP）数据

母亲的英雄之旅/云上著. —上海：上海三联书店，2020.1
ISBN 978-7-5426-6817-2

Ⅰ. ①母… Ⅱ. ①云… Ⅲ. ①女性—成功心理—通俗读物 Ⅳ. ①B848.4-49

中国版本图书馆 CIP 数据核字（2019）第 237849 号

母亲的英雄之旅

著　　者 / 云　上
责任编辑 / 徐建新
装帧设计 / 未了工作室
特约编辑 / 王焙尧　张　亓
监　　制 / 姚　军
责任校对 / 张大伟　王凌霄　林志鸿

出版发行 / 上海三联书店
　　　　　（200030）中国上海市漕溪北路 331 号 A 座 6 楼
邮购电话 / 021-22895540
印　　刷 / 上海展强印刷有限公司

版　　次 / 2020 年 1 月第 1 版
印　　次 / 2020 年 1 月第 1 次印刷
开　　本 / 640×960　1/16
字　　数 / 160 千字
印　　张 / 18.25
书　　号 / ISBN 978-7-5426-6817-2/B·656
定　　价 / 68.00 元